微生物在环境保护中的作用及其新技术研究

杨青松　崔　佳 / 著

東北林業大學出版社
Northeast Forestry University Press
· 哈尔滨 ·

图书在版编目（CIP）数据

微生物在环境保护中的作用及其新技术研究 / 杨青松，崔佳著 . — 哈尔滨：东北林业大学出版社，2022.4

ISBN 978-7-5674-2745-7

Ⅰ. ①微… Ⅱ. ①杨… ②崔… Ⅲ. ①环境保护—环境微生物学—研究 Ⅳ. ① X172

中国版本图书馆 CIP 数据核字（2022）第 068806 号

责任编辑： 任兴华
封面设计： 马静静
出版发行： 东北林业大学出版社
（哈尔滨市香坊区哈平六道街 6 号　邮编：150040）
印　　装： 北京亚吉飞数码科技有限公司
规　　格： 170 mm × 240 mm　16 开
印　　张： 14.25
字　　数： 217 千字
版　　次： 2023 年 3 月第 1 版
印　　次： 2023 年 3 月第 1 次印刷
定　　价： 57.00 元

如发现印装质量问题，请与出版社联系调换。（电话：0451-82113296　82191620）

前　言

人类赖以生存的自然界中，处处都有微生物的存在，它们种类纷繁多样、特性千差万别，虽然小到肉眼难以察觉，却在自然界建立了极其庞大的群体，其质量与人类和动物的总和处于同一数量级。在环境问题成为全球性重大问题时，微生物学工作者运用微生物学的理论和方法，来认识环境问题的实质，并探寻解决环境问题的有效途径。

微生物是自然生态系统中的基本组成之一，它们既是生产者，又是消费者，能够分解自然环境中的各种有机物，使它们重新进入自然界的物质循环中去。微生物有着千变万化的酶系、极强的代谢能力和适应性，它们在消除各类污染物上显示出极强的能力。可以说，没有微生物学的知识，先进的环境生物治理技术的开发和应用是不可能的。充分挖掘微生物在环境保护中的作用，并借助微生物技术，有助于充分发挥其降解、转化污染物的巨大潜力，从而使被污染的环境得以净化，甚至使污染物资源化。了解和掌握微生物学的理论、方法和技术，将使环境工作者终身受益。

我国环境和微生物学工作者在微生物学的科研和教学方面做了大量的工作，积累了丰富的经验，作者从他们的经验、著述中以及自己的实践中也获益匪浅。尤其是过去一段时间里，环境和生物科学技术的发展速度，大大领先于许多其他科学技术领域，这种发展极大地丰富了微生物学的内容，这使作者感到写作本书是一件有意义的工作。

本书重点对微生物在环境保护中的作用及其新技术展开研究，主要内容包括微生物与环境、微生物的主要类群、微生物生理、微生物对环境的污染和危害、微生物对环境保护的作用、微生物在环境治理中的应用、环境保护中微生物新技术及其应用等。本书内容丰富，图文并茂，叙述简明，有一定的广度和深度，并增加了现代生物技术在环境保护应用中的新方法、新技术。为反映环境科学技术和微生物学新的发展，作者广泛参阅了国内外文献，力求在相对系统地介绍微生物学知识的基础上，适应环境工作者的需要，较多地联系环境方面的基本问题，并达到一定的深度，以便本书既适用于初学者，也利于有一定基础的人员阅读。

在写作本书过程中，作者参考了大量国内微生物、环境（工程）微生物学等相关专著和论文，谨对参考文献的原作者和对本书提出宝贵意见与建议的专家表示衷心的感谢。由于作者水平有限，书中不足之处在所难免，敬请读者批评、指正。

作　者

2022 年 1 月

目　　录

第 1 章　微生物与环境

提起微生物,很多人觉得既陌生又熟悉。熟悉的是,微生物是一个细小的生物,它的存在会影响我们的生活。陌生的是,微生物是一个怎样的群体,它又能带给我们什么?

其实微生物就在我们身边,无时无刻不影响着我们的生活。当我们盖着刚刚晒过的被子,嗅着“阳光”的味道;当我们在雨后的清晨起床后,深深呼吸一口新鲜的空气;喝一杯可口的酸奶,品尝一个美味的面包的时候,我们就已经和微生物建立起了联系。当我们因为流感的侵袭住进医院,承受身体痛苦的时候;当我们接受抗生素类药物治疗,重获健康的时候,我们也与微生物建立了联系。微生物存在于自然界的各个方面,江河湖海,山川田野……它们既可以帮助我们消化,也可以使我们生病,是一把名副其实的“双刃剑”。接下来,我们就将系统学习微生物的相关知识。

1.1　微生物概述

人们把那些形体微小(<0.1 mm),结构简单,肉眼难以看到,必须借助光学显微镜或电子显微镜才能看清的低等微小生物统称为微生物。根据其有无细胞结构和细胞核结构将之区分为病毒、原核微生物和真核微生物。它们中大多数为单细胞,少数为多细胞,病毒则为无细

胞结构。

1.1.1 微生物的分类与命名

1.1.1.1 微生物的分类

微生物的类群十分庞杂，它们形态各异，大小不同，生物特性差异极大，为了识别和研究微生物，将各种微生物按其客观存在的生物属性（如个体形态及大小、染色反应、菌落特征、细胞结构、生理生化反应、与氧的关系、血清学反应等）及它们的亲缘关系，有次序地分门别类排列成一个系统，从大到小，按界、门、纲、目、科、属、种等分类。“种”是分类的最小单位，微生物的种是一个基本分类单元，它是表型特征高度相似、亲缘关系极其接近，与同属的其他物种有着明显差异的一群菌株的总称。种内微生物之间的差别很小，有时为了区分细小差别可用“株”表示，但“株”不是分类单位。

各类群微生物有各自的分类系统，如细菌分类系统、酵母分类系统、霉菌分类系统。其中以国际学术界的权威学者不间断地集体修订为特色的《伯杰氏系统细菌学手册》被公认为经典佳作，是国际上最为流行的实用版本。该手册最早成书于 1923 年，第一版名为《伯杰氏鉴定细菌学手册》，到现在它已先后修订出版了 11 个版本。

1.1.1.2 微生物的命名

每一种微生物都有一个自己的专用名称。名称分两类，第一类是地区性的俗名，具有大众化和简明化等特点，但往往含义不够确切，易重复，如结核杆菌是结核分枝杆菌（*Mycobacterium tuberculosis*）的俗名；第二类是学名，它是某一微生物的科学名称，是按“国际命名法规”命名并受国际学术界公认的正式名称。学名是由拉丁词或拉丁化的词组成的，命名通常采用生物学中的二名法命名，即由属名和种名组成，属名和种名用斜体字表达，属名在前，第一个字母大写，种名在后，第一个字母小写，学名后还要附上命名者的名字和命名的年份，但这些都用正体字表达。如大肠埃希氏杆菌的名称是 *Escherichia coli* Castellani et Chalmers 1919，枯草芽孢杆菌的名称是 *Bacillus subtilis* Cohn 1872。不过在一般情况下使用,后面的正体字部分可以省略。

如果只将细菌鉴定到属,没鉴定到种,则该细菌的名称只有属名,没有种名。如：芽孢杆菌属的名称是 *Bacillus*,梭状芽孢杆菌属的名称是 *Clostridium*。如果微生物是一个亚种或变种时,学名则需在最后加亚种(subsp.)或变种(var.)及加词,如酿酒酵母椭圆变种(*Saccharomyces cerevisiae* var. *ellipsoideus*)。

1.1.2　微生物的主要特点

1.1.2.1　个体微小,结构简单

微生物的个体是极其微小的,普通肉眼无法观测到绝大部分的微生物,因此我们必须借助显微镜才能看清微生物。我们生活中常见的表示长度大小的单位是米(m)或者厘米(cm),很多细小的东西我们也会用毫米(mm)来表示。但是在微生物领域里,这是远远不够的,科学家们通常用微米(μm)或纳米(nm)来作为微生物大小的单位。为了更好地表示细菌的大小,我们可以用一个例子来形象地说明微生物个体的微小。我们知道某些杆菌的宽度是 0.5 μm,一般头发丝的直径大概是 40 μm,如此算来,80 个杆菌并排放在一起也只有 1 根头发丝的宽度。而杆菌的长度大约是 2 μm,1 500 个杆菌排成一个队列也只有 1 个芝麻的长度。到目前为止,我们已知的世界上最小的微生物是病毒,如细小病毒的直径只有 20 nm ($1\ nm=1\times10^{-6}\ mm$),这些例子都可以很好地说明微生物的“小”。

1.1.2.2　种类多,分布广

微生物的另一个特点是种类繁多,其种类数远远多于动植物。到目前为止我们所知道的微生物大约有 20 万种。也曾有人估计,我们目前所知的微生物种类不及微生物总种类的 10%,因此微生物很可能是地球上物种最多的类群。种类数目如此众多的微生物,其资源也必定是极其丰富的,但在人类的生产生活中,开发利用的微生物种类依旧十分稀少,如何更好地开发利用微生物也是当代生物的热门课题之一。

1.1.2.3 适应性强,易变异

微生物具有强大的生存能力。这与其具有极强的适应性和代谢调节机制密切相关,同时,这也是高等动植物都无法企及的。其主要原因是它们具有体积小、面积大的特点。微生物对环境的适应能力极强,某些微生物甚至能在极其苛刻的条件下顽强地生存下来,例如,高温、高酸、高盐、高辐射、高压、低温、高碱、高毒等,如此惊人的适应力,堪称生物界之最。

1.1.2.4 生长繁殖速度快

微生物在自然界的繁殖速度是令人叹为观止的。例如,大肠杆菌在合适的生长条件下,12 ~ 20 min 便可繁殖一代。由此,1 个大肠杆菌可以在 1 h 之内由 1 个变成 8 个,一昼夜可繁殖 72 代。有文献指出,这种生长是疯狂的,因为 1 个细菌一昼夜就可以变成 4 722 366 500 万亿个,质量大约 4 722 t,相当于 18 架空客 A380 的空载重量。然而经 48 h 后,这些大肠杆菌则可产生 2.2×10^{43} 个后代,如此多的细菌的质量约等于 4 000 个地球的质量。当然由于资源、空间等种种条件的限制,这种极其疯狂的繁殖模式是不可能实现的。通常来讲,细菌在繁殖过程中的数量翻倍也仅仅能维持几个小时,并不可能无限制地繁衍下去。在培养液中繁殖细菌更是如此,它们的数量一般仅能达到每毫升 1 亿 ~ 10 亿个,最多达到 100 亿。尽管如此,它的繁殖速度仍令人咂舌,这也是高等动植物无可比拟的。利用微生物的这一特性,可以人为地提高生产效率,缩短发酵周期,这在发酵工业上具有重要意义。

1.1.2.5 容易培养

微生物之所以能够广泛存在于地球的各个角落,其原因就是微生物对营养要求不高,食谱繁杂。微生物生长旺盛,繁殖速度快,生产生活中许多副产物甚至是废物都是微生物的良好培养基。所以微生物能够广泛存在于自然界也就不足为奇了。

1.1.2.6　代谢类型多、强度大

如果把一定体积的物体分割得越小,那它们的总表面积就越大。我们可以把物体的表面积和体积之比称为比表面积。如果把人的比表面积值定为 1,则大肠杆菌的比表面积值将高达 30 万。由于微生物的比表面积巨大,所以与外界环境的接触面积也是特别大的,从生物进化角度来看,这非常有利于微生物通过体表吸收营养和排泄废物,能够迅速地完成新陈代谢,这也就使得它们消耗"食物"的能力特别强。在合适的条件下,大肠杆菌每小时可以消耗相当于自身质量 2 000 倍的糖分,而我们人类完成类似的消耗则需要长达 40 年的时间。如果让我们每天吃掉等同于自身体重的食物,恐怕世界上最强的大胃王也不能做到,但是微生物却可以。我们可以利用微生物的这个特性,发挥其强大的转化作用,这样我们就可以将一些简单易得的东西甚至生活废物,在短时间内转化为大量有用的化工、医药产品或食品,为人类造福,同时也可以使有害物质转化为无害物质,将不能利用的物质变为植物的肥料。

1.1.3　微生物在生物界中的地位

在历史上人们只把生物区分为两界,即植物界和动物界,把一些具有细胞壁不能运动的类群如藻类、真菌等归属于植物界,另一些不具细胞壁而能运动的类群如原生动物归属于动物界。但自然界中有许多生物,将它们归属于植物界或动物界均不适宜,因此,1969 年魏塔克(Whittaker)首先提出了生物的五界系统,把自然界中有细胞结构的生物分为五界。我国学者王大相等提出将无细胞结构的病毒看作一界,这样便构成了生物的六界系统(表 1–1)。

表 1–1　生物六界系统和微生物

生物界名称	主要结构特征	微生物类群名称
病毒界	无细胞结构,大小为纳米级	病毒、类病毒等
原核生物界	细胞核为原核,无核膜和核仁的分化,大小为微米级	细菌、放线菌、蓝细菌、支原体、衣原体、立克次氏体等

续表

生物界名称	主要结构特征	微生物类群名称
原生生物界	细胞核具有核膜和核仁的分化，为小型真核生物	单细胞藻类、原生动物等
真菌界	单细胞或多细胞，具有核膜和核仁，为小型真核生物	酵母菌、霉菌、蕈菌
动物界	细胞核具有核膜和核仁的分化，为大型能运动真核生物	
植物界	细胞核具有核膜和核仁的分化，为大型非运动真核生物	

从表1-1中可以看出，微生物包括病毒、类病毒、细菌、放线菌、蓝细菌、支原体、衣原体、立克次氏体、单细胞藻类、原生动物、酵母菌、霉菌、蕈菌等类群，它们中既有原核生物，又有真核生物，还有非细胞结构的生物，在六界系统中占有四界。在环境微生物学中还将微型后生动物也划入研究范畴内。由此可见微生物在自然界中的重要地位。

1.1.4 人类与微生物的关系

1.1.4.1 微生物与农牧业

植物生长需要大量的营养物质，作为生物界中的分解者，腐生性微生物能将人和动物的粪便以及植物枯枝落叶等物质分解，同时也能够将一些动物的尸体进行分解。这些大分子物质经过微生物的分解，就可以转化成植物所能够利用的养分。世界如果没有微生物的存在，那将是不可想象的。首先植物就会因为没有足够的营养物质而无法生长，人类和动物也会因为没有食物而无法存活。

微生物在农业方面的作用可不仅仅如此。很多植物无法存储氮元素，此时就要依靠微生物把空气中的氮固定下来，以使植物得以利用。利用微生物也可以对害虫进行防治。比如苏云金芽孢杆菌可以防治菜青虫，这种防虫方式的优点是不利用化学或物理药物刺激，防治无残留，对人类无伤害，对环境无污染。

1.1.4.2　微生物与人类健康

从人出生的那一刻起，微生物就会伴随人的一生。微生物是一把双刃剑，在造福我们的同时，也会对我们产生威胁。

在我们身体内部，有很多微生物在活动，其中绝大多数分布在人体的肠道内，包括大肠杆菌、乳酸杆菌等。有些细菌是有益菌，这些细菌生活在人的肠道中能合成人体所必需但又不能合成的某些物质，如维生素 B_2、维生素 K 等多种维生素以及某些氨基酸等，这些营养物质可供人体吸收利用，是人体健康生长的必要物质。

在医药方面，1928 年英国细菌学家弗莱明偶然发现了青霉素，这是人类历史上第一个抗菌类药物，它的发现改变了很多不治之症的历史。从那之后，很多棘手疾病的治疗变得相对简单，由此，人类医疗史得以重新改写，无数人因此而受益。之后又出现了很多抗菌类药物，如链霉素、氯霉素、庆大霉素、卡那霉素、红霉素、四环素等，这些药物都是从微生物中提取出来的。采用现代工艺技术，我们利用微生物合成了一些抗生素药物，也正是由于微生物的存在和现代工艺的出现，这些抗菌类药物的获取也变得相对容易，使得我们有了更多对抗疾病的手段，挽救了无数人的生命。众所周知，感染某些微生物会引起很多的疾病。为了预防这些疾病，生物学家们同样可以利用更加微小的病毒制成病原疫苗，然后通过接种疫苗来预防不同的疾病。目前世界上很多疾病，如乙脑、流脑、乙肝、脊髓灰质炎等传染病都可以通过接种疫苗，使这些传染病在广泛流行前得到有效控制，这便是微生物给我们带来的健康保障。目前科学家们正在尝试利用病毒作为载体，对人类的基因遗传疾病进行治疗。

微生物作为一把双刃剑，在给我们提供健康保障的同时，也给我们带来了极大的危害。曾经医疗水平不发达的年代，肆虐的鼠疫、霍乱、疟疾等疾病就是由微生物所引起的。使一代人“谈虎色变”的 SARS，春季流行的手足口病，一些欧美国家暴发的口蹄疫、疯牛病等，无一不是由微生物引起的传染病。微生物的个头虽然小，但是威力却大得惊人。

1.1.4.3 微生物与人类日常

民以食为天，人类想要生存在这个世界上，食物就是必要的前提。可能很多人都觉得我们食用的食物基本都是从动植物身上获取的，但是其实我们每天吃的很多食品的制作都离不开微生物。我们每天作为主食的馒头、面包，调味的泡菜，营养丰富的酸奶，各种酒类，餐桌上用来调味的酱油和醋，它们都是出自微生物“之手”，都是经过微生物的发酵而来的。还有我们吃的营养丰富的蘑菇、木耳、银耳等菌类，以及药用价值极高的灵芝、冬虫夏草也都是微生物。但是，微生物并不是全部对人有益的，如果食品保存不当，就会遭到微生物的污染，从而导致变质。春季是流感的高发季节，而流感也是由流感病毒引起的。

1.1.4.4 微生物与环境的关系

环境污染是近年来备受瞩目的问题，工业的迅速发展使环境受到了各种污染。常见的污染有水污染、光污染、空气污染等，其中水污染最为直接也是最为严重地影响着人类的健康。有些原本清澈的河水变得肮脏不堪，各种气味刺鼻难耐。部分海域会出现赤潮，有些海上石油泄漏也已经严重影响了海洋环境的安全。微生物在治理环境污染方面发挥了巨大的作用。利用微生物来处理污水，其优点显而易见——经济方便，避免二次污染，可以将污染物自然降解成生物物质。利用微生物处理秸秆，既可以减少燃烧带来的空气污染，又可以提供沼气等物质，作为清洁生物能源。利用微生物制备生物燃料，如生物汽油，不但可以降低现阶段对石油的依赖，又可以作为再生能源，促进可持续发展。

1.1.5 微生物在环境保护中的应用

随着工业化进程的不断加速，人类对地球自然生态环境的破坏日益加剧，虽然化肥和农药的广泛使用在提高农作物产量上发挥了重要作用，但也严重地污染和破坏了土壤、河流和湖泊等生态环境。在采矿、冶炼、电镀、染料、制革和造纸等生产的工业废水中，许多含有过量的汞、铅、砷和硒等有毒元素，或过量的酸碱等化学物质，城镇人口的粪尿、洗涤和生活污水若不经处理而直接排放，均会造成严重的环境污染。因此寻找更合理的“三废”治理方案，成为当今环保业的重大课题。近十多年来发展起来的利用微生物进行“三废”治理取得了显著的成效。

1.1.5.1　化学农药的微生物降解

多数农药是天然化合物的类似物，因而可以作为微生物的代谢底物被分解利用，最终生成无机物、CO_2 和 H_2O，某些人工合成的化学农药难以被微生物直接作为代谢底物而降解，但若存在另一种可作为微生物碳源和能源的辅助营养物时，也可以被部分降解，这一作用又称为共代谢作用，已知某些细菌在利用苯酸酯生长时对除草剂和三氯苯酸有共代谢作用，由于微生物不能直接从共代谢农药中获得能量和碳源，其降解速度很慢，也不能使参与降解作用的细菌增殖。

1.1.5.2　无机与有机污染物的微生物转化与降解

（1）无机污染物的微生物转化。

微生物在无机污染物的转化中起着重要作用。金属矿床的开采、金属材料的加工、金属制品的使用等使大量的金属污染物排入环境，被雨水浸淋，流入江河，严重影响水产养殖业及人类健康。金属污染物再通过生物体的富集和转化造成更严重的后果。其中对生物毒性较大的金属有汞、砷、铅、镉、铬等。重金属对人类的毒害与其浓度及存在状态有密切关系，六价铬比三价铬毒性大，有机汞和有机铅化合物的毒性超过其无机化合物。微生物不能降解重金属，只能使它们发生形态间的转化及分散、富集它们，通过改变重金属的存在状态改变其毒性。如汞以元素汞、有机汞和无机汞化合物 3 种形式存在，一般无机汞对人的毒性最小，烷基汞毒性最大，如甲基汞的毒性比无机汞高 50 ~ 100 倍。

已知有 4 种细菌能将甲基汞转化成甲烷和元素汞，用这些细菌菌体吸收含汞废水中的甲基汞、乙基汞、硝酸汞、乙酸汞、硫酸汞等水溶性汞还原成元素汞，再将菌体收集起来，回收金属汞。微生物也能将砷转化为三甲基砷，许多细菌如无色杆菌可将亚砷酸盐氧化为砷酸盐，甲烷细菌、脱硫弧菌等也能将砷酸盐还原为毒性更大的亚砷酸盐。铅在细菌、藻类细菌中积累不会致死，所以可用这些微生物富集铅，铅也能通过微生物甲基化产生四甲基铅。

（2）有机污染物的微生物降解。

堆肥化是在控制条件下，使有机废弃物在微生物（主要是细菌）作用下，发生降解，使其结构蓬松，无臭，病原菌大幅被灭活，体积减小，水分含量降低。由于废弃物经过堆肥处理后，腐殖化程度极大提高，因此，相比于未经堆腐的废弃物，农地利用不会出现烧苗、烧根的现象，而且能极大改善土壤结构性能，提高土壤保水保肥能力，堆肥本身又富含大量的微生物，因而使用堆肥可明显提高土壤的生物活性，有效加速土壤物质的生物化学循环，按堆制过程的需氧情况把堆肥分为好氧堆肥和厌氧堆肥。好氧堆肥亦称高温堆肥法，是在通风有氧条件下的分解发酵过程，堆温高，一般在 55℃以上，可维持 7 ~ 11 d，极限可达 80℃。由于好氧堆肥法周期短、无害化程度高、卫生条件好、易于机械化操作等优点，在污泥、城市垃圾、畜禽粪便和农业秸秆等堆肥中广泛采用，好氧堆肥的微生物学过程大致分为产热阶段、高温阶段和腐熟阶段，每个阶段都有其独特的微生物类群。

1.1.5.3 微生物与污水的生物净化处理

（1）活性污泥法。

活性污泥法自 1914 年采用以来，一直是国内外污水生物处理的主要方法，其处理装置主要由曝气池和沉淀池两部分组成。

曝气池能不断通入空气，利用池中活性污泥所含的微生物，快速降解污水中的各类有机质。活性污泥是以好气性细菌为主的微生物和水中的胶体与悬浮物质混杂在一起形成肉眼可见的絮状颗粒，大小为 0.05 ~ 0.50 mm，相对密度为 1.002 ~ 1.006，在静置时，能相互凝聚形成较大的颗粒而沉降。活性污泥具有很强的吸附力、pH 缓冲力和氧化降解有机质的能力，在污水处理中除能降解有机质外，也能通过离子吸附或形成有机络合物的方式，沉淀污水中的金属离子或某些有机物经过曝气处理的上层污水和其中所含的活性污泥一道进入沉淀池，进一步彻底氧化分解。

由于沉淀池不再通空气，其下层经过厌氧微生物的分解作用，活性污泥将因相互凝聚而沉降到池底。上部的清水经检验达标后，可向环境排放或循环利用。沉降于池底的活性污泥，小部分将回流至曝气池再利用，大部分则被排至污泥池，以供进一步处理，近年来，有人将污泥加入有机质，并接种纤维分解菌与固氮菌进一步转化，再与化肥配合生产生物有机肥，从而开拓出一条污泥再利用的新途径。活性污泥对金属离子的去除率各异，如铅的去除率可高达 78%，但镍的去除率只有 1%，而其他金属离子的去除率则在两者之间。

（2）生物膜法。

本法是利用洒滴池、塔式滤床、生物转盘或浸没法等生物滤池处理污水的方法。洒滴池也称洒水滤床，是一个厚度为 2 m 的碎石（直径 2.5 ~ 10.0 cm）滤床，污水由顶部洒入，沿碎石块表面缓慢下流，其中所含的微生物在滤床的适宜生境条件下，附着于碎石表面，生长繁殖形成生物膜。初期的生物膜是好气的，但随着厚度的增加，膜下层逐渐形成厌氧环境。污水中的有机物质多在生物膜表面的好氧区为细菌所分解，或作为养料被原生动物吞食，随着处理时间的增加，附着于石块上的生物膜厚度也不断加大，厌氧区也随之增加，过厚的生物膜最终将因基部附着力的减弱而与石块分离脱落，并从下部暗渠排出，碎石可重新开始形成新的生物膜。

本法的处理效果较活性污泥法低，其 BOD 值虽然也可以降至一定的水平，但对非生物降解的污染物的去除效果较差。一般需要辅以活性炭过滤或通氯气消毒等方法，经过进一步处理后才能达标排放。

1.2　微生物在环境中的作用

1.2.1　微生物分解有机体

在城市的旧房区，我们经常看到拆旧房的工人。在大自然的国度里，细菌也是“拆旧房的工人”,不过它们拆的不是旧房,而是动植物的尸体。它们将多细胞的动植物分解成单细胞,进一步分解成小分子还给大自然。

在那些死去的生物细胞里还残留着蛋白质、糖类、脂肪、水、无机盐和维生素六种成分。在这六种成分中,水和维生素最容易消失,也最易吸收;其次就是无机盐,很易穿透细菌的细胞膜;然而对于结构复杂而坚实的生命三要素蛋白质、糖类和脂肪等,细菌就要费点心思了。先要将它们一点一点软化,一丝一丝地分解,变成简单的小分子,它们才能够重新被利用。

蛋白质的名目繁多,性质也各异,经过细菌化解后,最后都变成了氨、一氧化氮、硝酸盐、硫化氢乃至二氧化碳及水。这个过程称为化腐作用,把没有生命的蛋白质化解掉的同时往往会释放出一股难闻的气味。

糖类的品种也多,结构也各不同,有纤维素、淀粉、乳糖、葡萄糖等。细菌也按部就班地将它们分解成为乳酸、醋酸、二氧化碳及水等。

对于脂肪,细菌就把它分解成甘油和脂肪酸等初级分子。

蛋白质、糖类和脂肪这些复杂的有机物都含有大量的碳链。细菌的作用就是打散这些碳链,使各元素从碳链中解脱出来,重新组合成小分子无机物。这种分解工作,使地球上一切腐败的东西,都现出原形,归还于土壤,使自然界的物质循环得以进行。

1.2.2 微生物净化环境

现代高科技的快速发展,的确给人类生活带来了巨大的便利,然而,也产生了一系列新的问题,水污染便是其中之一。

苏联时期,伏尔加河污染使著名的鲟鱼快要绝迹。1965 年在斯维尔德洛夫市曾有人偶然把烟头丢进伊谢特河而引起了一场熊熊大火。苏联每年有 100 多万吨石油产品和 20 万吨沥青及硫酸排放入里海,使丰产的梭子鱼几乎绝迹。

在美国,被称为“河流之父”的密西西比河,污染使许多鱼鸟绝迹,港湾荒芜。盛产水生生物的安大略湖也被污染得有“毒湖”之称。海洋的污染使美国 8% 的海域中的鱼贝类不再可以食用。

在日本，港湾的污染使特产的樱虾、鲈鱼已经断子绝孙。九州鹿儿岛的猫因为吃了富含汞的鱼类、贝类而像发疯一样惊慌不安，跳入大海，有"狂猫跳海"的奇闻。在我国，由于受工业废水、生活污水、粪便、农药化肥等污染，国内的 523 条重要河流中，现已有 436 条受到严重污染，湖泊和水库的 80% 左右也受到了污染。

浊浪滔滔，江河湖泊在呻吟，人们费了不少脑筋和精力，投入了大量的人力、物力、财力来解除水污染。

水中微生物的数量和分布受营养物、水体温度、光照、溶解氧和盐分等因素的影响，含有较多营养物或受生活污水、工业有机污水污染的水体中会有相当多的细菌。水是各种细菌生存的第二天然环境，但细菌种类和数量一般要比土壤中少得多。除生长于水中的水生微生物以外，水中的微生物主要来自土壤、尘埃、垃圾及人畜的排泄物等的污染。水中微生物种类和数量与水体类型、受污水污染程度、有机物的含量、溶解氧含量、水温、pH 值及水深等各种因素有关。

由于水容易受人与动物的粪便及各种排泄物的污染，水中常见有伤寒沙门氏菌、痢疾志贺氏菌、钩端螺旋体及霍乱弧菌等致病性细菌，可引起多种消化道传染病。因此，加强粪便管理，保护水源，成为预防和控制肠道传染病的重要措施。

目前，废水处理有物理方法、化学方法和生物方法，而用微生物处理废水的生物方法以效率高、成本低被广泛使用。

能除掉毒物的微生物主要是细菌、霉菌、酵母菌和一些原生动物。它们能把水中的有机物变成简单的无机物，通过生长繁殖活动使污水净化。

有种芽孢杆菌能把酚类物质转变成醋酸吸收利用，除酚率可以达到 99%。一种耐汞菌通过人工培养可将废水中的汞吸收到菌体中，改变条件以后，菌体又将汞释放到空气中，用活性炭就可以回收。

有的微生物能把稳定有毒的双对氯苯基三氯乙烷（DDT）转变成溶解于水的物质而解除毒性。

每年在运输中有 150 万 t 的原油流入世界水域使海洋污染，清除这些油类，真菌比细菌能力更强。在去毒净化中，不同的微生物各有"高招"！枯草杆菌、马铃薯杆菌能清除己内酰胺；溶胶假单孢杆菌可以氧化剧毒的氰化物；红色酵母菌和蛇皮癣菌对聚氯联苯有分解能力。

用微生物处理废水常用生物膜法。所有的污水处理装置都有固定的滤料介质如碎石、煤渣及塑料等,在滤料介质的表面覆盖着一层由各类微生物组成的黏状物称为生物膜。

生物膜主要由细菌菌胶团和大量真菌菌丝组成,在表面还栖息着很多原生动物。当污水通过滤料表面时,生物膜大量地吸附水中各种有机物,同时膜上的微生物群利用溶解氧将有机物分解,产生可溶性无机物随水流走,产生的二氧化碳和氢气等释放到大气中,使污水得到净化。

还有一种活性污泥法。所谓活性污泥是由能形成菌胶团的细菌和原生动物为主组成的微生物类群,以及它们所吸附的有机的和无机的悬浮物凝聚而成的棕色的絮状泥粒,它对有机物具有很强的吸附力和氧化分解能力。

利用微生物净化污水虽然取得了可喜的成就,但在提高工作效益方面还有不少工作要做,因此还不能广泛应用于消除污染。

1.3 环境保护中的微生物学研究

1.3.1 自然环境中的微生物学研究

环境微生物学研究微生物所包括的类群及其特征；生理特性和代谢规律；遗传特性及其遗传变异；微生物的生长与环境条件的关系。研究自然环境中的微生物群落、结构、功能与动态；微生物在不同生态系统中的物质转化和能量流动过程中的作用与机理,为保护和开发有益微生物和控制有害微生物提供科学资料,使微生物在生态系统中发挥更好的作用。为人类认识自然、保护自然,防止生态系统失调与破坏,提供微生物学的资料与依据。

1.3.2　污染环境中的微生物生态学研究

在污染日益严重的情况下，通过研究微生物－污染物－环境三者关系，了解各种污染环境对于微生物活动的影响，以及由此而带来的微生物活动对于环境质量变化的影响。随着现代工业的发展，排出的大量工业废液废物严重污染了环境。微生物代谢类型具有多样性，对于污染物质能较快适应，故可使各有机污染物得到降解转化。所以，只要找到合适的微生物，并给予适当条件，几乎所有的有机化合物均可被微生物降解以致彻底转化成无机物。

1.3.3　微生物处理污染物的原理和方法研究

以活性污泥法为中心的各种污水生物处理工程，随着对微生物反应和净化机制的深入研究，在生产应用中不断改进和完善，相继出现了多种工艺流程，使其应用范围逐渐扩大，处理效果不断提高。

分子生物学、分子遗传学以及生态学的发展，推动了环境微生物技术的发展和应用。分离、筛选、培育高效的降解菌株来处理污染物，采用基因工程技术构建环境工程菌，将多种微生物的降解基因组装在一个细胞中，使该菌株集多种微生物的降解性能于一身。利用细胞融合技术获得多质粒“超级细菌”，将多个细胞的优点集中到同一个细胞中，人们从利用微生物发展到改造微生物来为人类服务，利用微生物实现废物资源化和能源化已经取得明显成就，例如利用废水产乙醇、产甲烷，利用高浓度有机废水生产单细胞蛋白，从而提高了资源的利用率，使环境污染得到减轻。

1.3.4　微生物对于环境的污染与破坏研究

人类在生活与生产过程排出的污水废物中可能带有病原微生物，在一定条件下可造成环境污染引起疾病流行。例如，不合理的灌溉会引起环境的污染与疾病的传播。有些微生物代谢过程中会产生有毒有害物质，它们甚至是致癌、致畸、致突变物质，积累于环境中，严重威胁着人体健康。例如，黄曲霉产生的黄曲霉毒素有致癌作用。由于水体富营养化，某些藻类暴发性增殖造成沿海港湾及内陆湖泊发生赤潮和“水华”，当其发生时，水色变异，水味腥臭，溶解氧低，许多鱼类不能生存。因此，研究引起环境质量下降的微生物类型，污染途径和作用规律，采用各种控制技术防止和消除危害也是环境微生物学研究的内容之一。

1.3.5 应用微生物进行环境监测与评价

细菌总数、大肠菌群、粪链球菌等粪便污染指示菌的检测，是水体污染程度监测的常用微生物学监测方法，后来又发展了多种利用微生物快速检测环境致突变物与致癌物的方法。因此，利用微生物技术不仅可以评价与人类活动有关的环境质量的优劣，也可以评价污染物的毒性和生物降解性。

第2章　微生物的主要类群

微生物种类繁多,形态各异,生物学特性差异很大,代谢途径繁多,其次是代谢产物的化学结构以及生物活性的多样性更是难以预计,其中不少已被用作重要的临床使用药物。在微生物分类系统中,按微生物的进化水平和各种性状上的显著差别,可将微生物分为原核细胞微生物、真核细胞微生物和非细胞型微生物三大类群。

2.1　原核细胞微生物

原核细胞微生物是指一大类细胞核无核膜包裹,无核仁,只存在称作核区的裸露的DNA,且缺乏完整细胞器的原始单细胞生物。原核细胞微生物主要包括细菌、放线菌、蓝细菌等。

2.1.1　细菌

细菌是一类结构简单、种类繁多、多以二分裂方式繁殖和水生性较强的原核微生物。细菌是微生物的一大类群,在自然界分布广,与人类生产和生活关系密切。

2.1.1.1 细菌的大小和形态

细菌的形态在大小、形状和细胞排列上具有很大的多样性，这些特征可以通过光学显微镜和电子显微镜观察，同时利用相应的染色技术、切片技术和显微技术对细菌的形态和结构进行研究。大多数细菌具有球状、杆状和螺旋状三种基本形状，只有少数细菌具有特殊形状，如丝状、星形、方形等。

（1）球菌。球菌呈球形或近球形。球菌分裂后产生的新细胞常保持一定的排列方式，在分类鉴定上有重要意义。根据球菌细胞分裂面和分裂后的排列方式，又可分为单球菌、双球菌、链球菌、八叠球菌和葡萄球菌等（图 2–1）。

图 2–1 球菌形态及排列方式

1—单球菌；2—葡萄球菌；3—双球菌；4—链球菌；

5—含有双球菌的链球菌；6—具有荚膜的球菌；7—八叠球菌

（2）杆菌。杆状的细菌称为杆菌，其细胞外形较球菌复杂，常有短杆（球杆）状、棒杆状、梭状、梭杆状、分枝状、螺杆状、竹节状（两端平截）和弯月状等；按杆菌细胞的排列方式则有链状、栅状、“八”字状及由鞘衣包裹在一起的丝状等。典型的杆菌有大肠杆菌、枯草杆菌、棒杆菌、变形杆菌（图 2–2）。

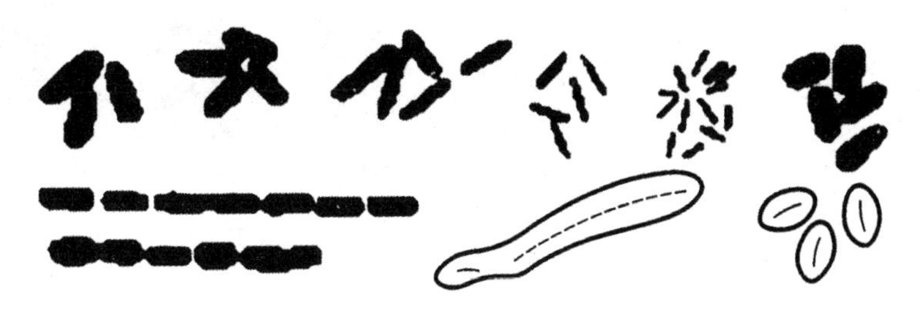

图 2-2　各种杆菌的形态

（3）螺菌。菌体弯曲的杆菌称为螺旋菌。根据菌体弯曲程度的不同可分为弧菌和螺菌两种类型（图 2-3）。弧菌菌体仅一个弯曲，形如弧形、逗号或香蕉状，螺旋不满一环，如霍乱弧菌（*Vibrio cholerae*）；螺菌菌体有多个弯曲，回转如螺旋状，一般螺旋 2 ~ 6 环，如干酪螺菌（*Spirillum tyrogenum*）。

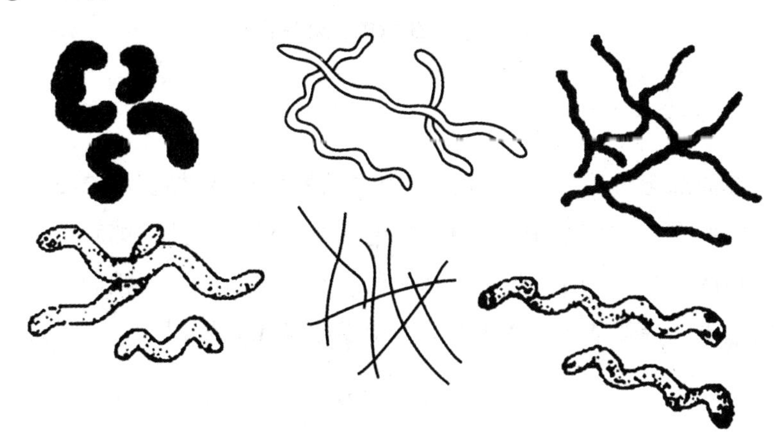

图 2-3　弧菌和螺菌的形态

2.1.1.2　细菌的菌落特征

在固体培养基上，由一个或多个同种微生物细胞经过生长繁殖，形成肉眼可见的、有一定形态构造的子细胞群体称为菌落。如果菌落是由一个单细胞繁殖而来，则它就是一个纯种细胞群或克隆。当固体培养基表面众多菌落连成一片时称为菌苔。

不同微生物在特定培养基上生长形成的菌落一般都具有稳定的特征（图 2-4），是微生物分类鉴定和判断纯度的重要依据。

图 2-4 微生物的菌落特征

2.1.1.3 细菌的结构

典型的细菌细胞的结构可分为基本结构和特殊结构(图 2-5),基本结构是指所有的细菌细胞所共有的,包括细胞壁、细胞膜、细胞质及其内含物和核区;特殊结构是指某些细菌所特有的,如芽孢、糖被、鞭毛、菌毛和性菌毛等。特殊结构常作为细菌分类鉴定的重要依据。

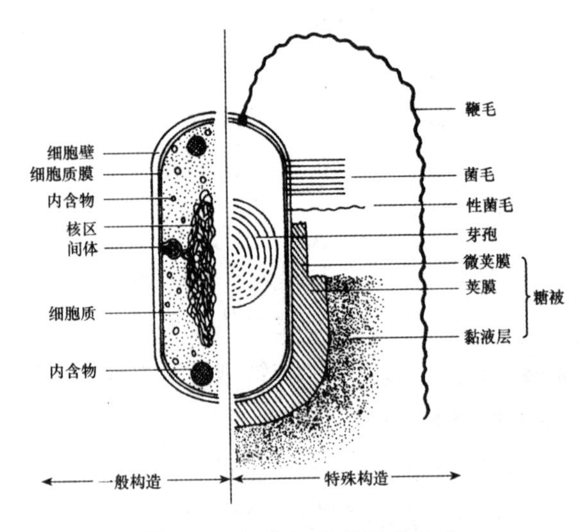

图 2-5 细菌细胞的模式构造

2.1.2　放线菌

放线菌是一类革兰氏阳性的原核微生物。放线菌多数为腐生菌，少数为寄生菌。放线菌广泛分布于环境中，特别是在有机质丰富的微碱性土壤中含量最多。放线菌与人类的关系极为密切，是大多数抗生素的生产菌。到目前为止，在 6 000 多种抗生素中有 4 000 多种是由放线菌产生的。放线菌广泛应用于纤维素降解、石油脱蜡、污水处理等方面。有的放线菌还能用来生产维生素和酶制剂，只有少数放线菌能引起人类和动植物的病害。

2.1.2.1　放线菌的大小和形态

放线菌为单细胞，菌体由纤细的分枝状菌丝组成，放线菌细胞的成分和结构与细菌类似。它们的直径在 0.5 ～ 1.0 μm。菌丝无隔膜为单细胞。放线菌的菌丝由于形态与功能不同分成以下二类(图 2–6)。

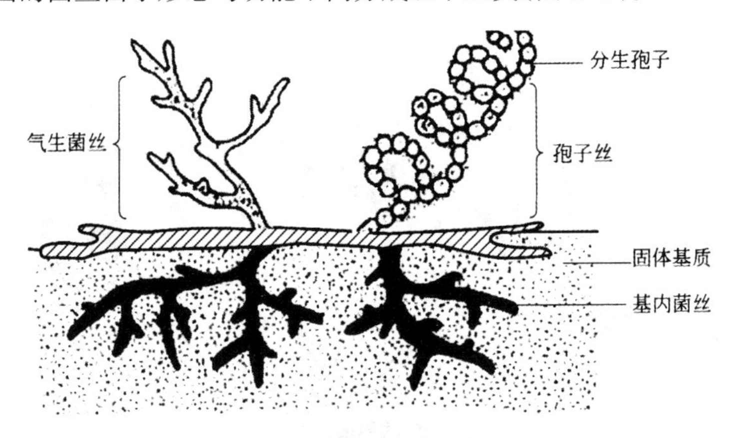

图 2–6　链霉菌的形态结构模式图

(1)基内菌丝。基内菌丝是放线菌的孢子萌发后，伸入培养基内摄取营养的菌丝，又称营养菌丝。

(2)气生菌丝。气生菌丝是由基内菌丝长出培养基外伸向空间的菌丝。

(3)孢子丝。孢子丝是气生菌丝生长发育到一定阶段，在其上部分化出可形成孢子的菌丝。孢子丝的形状和着生方式因种而异。着生方式可分成互生、丛生、轮生等方式；形状有直形、波曲形和螺旋形之分（图2-7）。孢子丝的形态、孢子的形状和颜色等特征均为菌种鉴定的依据。

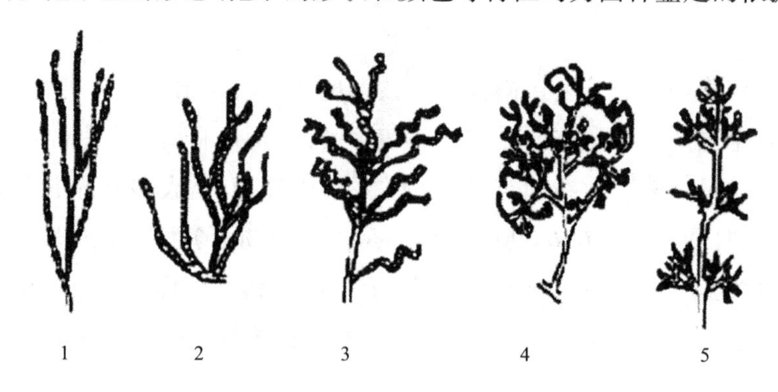

图 2-7　放线菌孢子丝形态图

1—直形；2—波浪形；3—松螺旋形；4—紧螺旋形；5—轮生

2.1.2.2　放线菌的生活史和繁殖

放线菌的生活史包括分生孢子的萌发、菌丝的生长、发育及繁殖等过程（图 2-8）。

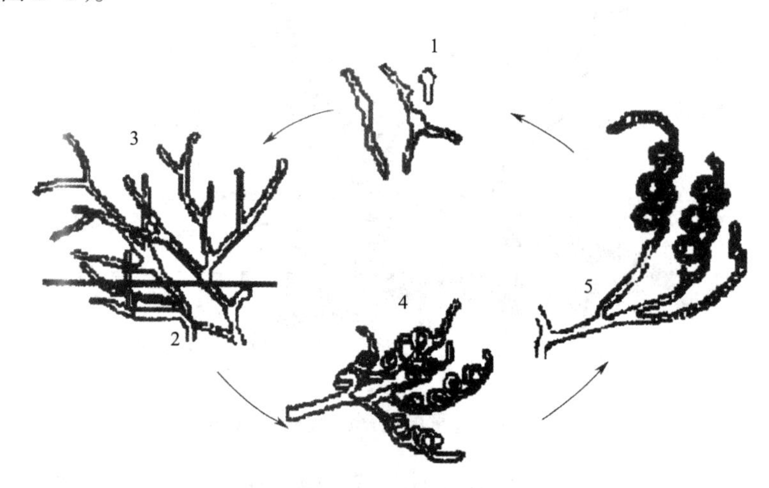

图 2-8　链霉菌的生活史

1—孢子萌发；2—基内菌丝；3—气生菌丝；4—孢子丝；5—孢子丝产生分生孢子

放线菌的繁殖是通过无性繁殖的方式进行的，通过分生孢子和孢囊孢子繁殖。

分生孢子在孢子丝的顶端以凝聚方式或横隔分裂方式形成。它是一些放线菌先在菌丝上形成孢子囊，孢囊孢子在孢子囊内形成(图 2–9)。

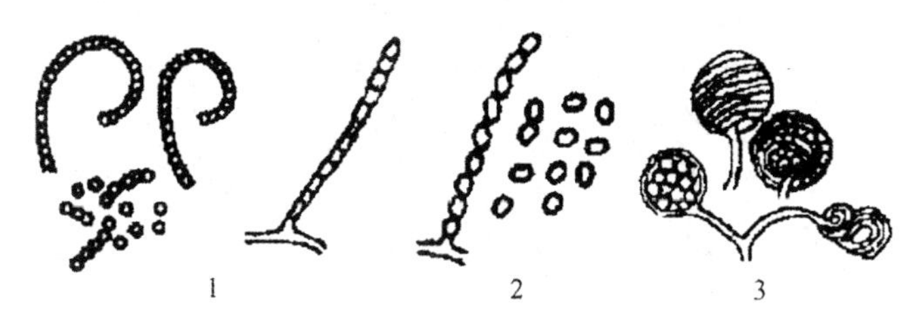

图 2–9　放线菌的分生孢子和孢囊孢子

1—分生孢子(凝聚方式)；2—分生孢子(横隔方式)；3—孢囊和孢囊孢子

2.1.2.3　常见的放线菌

(1)链霉菌属(*Streptomyces*)。链霉菌属的孢子丝和分生孢子的形态随种类不同而异，是链霉菌属分种的主要识别性状之一。链霉菌属在放线菌目中是最大的一个属，有千余种，链霉菌属种类繁多，很多种是重要的抗生素产生菌。链霉菌的生活史见图 2–10。

图 2–10　链霉菌的生活史简图

1—孢子萌发；2—基内菌丝体；3—气生菌丝体；4—孢子丝；5—孢子丝分化为孢子

(2)诺卡氏菌属(*Nocardia*)，也称原放线菌属(*Proactinomyces*)。这个属的特点是分枝的菌丝体会猝然地全部断裂成为长短接近一致的杆菌或球菌(图 2-11)。每个断裂体内至少有一个核,因此可以复制,并形成新的多核的菌丝体。诺卡氏菌属的多数种类只有基内菌丝,没有气生菌丝。

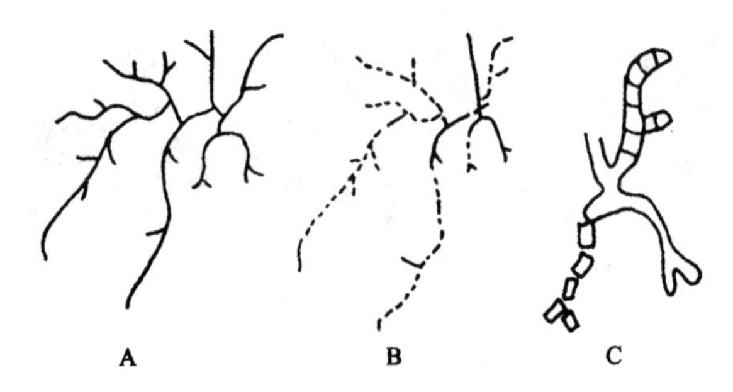

图 2-11 诺卡氏菌形态

A—菌丝；B，C—菌丝断裂为孢子

(3)小单孢菌属(*Micromonospora*)。小单孢菌属的分枝无隔膜,菌丝体只生基内菌丝,不生气生菌丝。在基内菌丝上生出孢子梗,梗顶端着生一个球形、椭圆形或长圆形的孢子(图 2-12)。

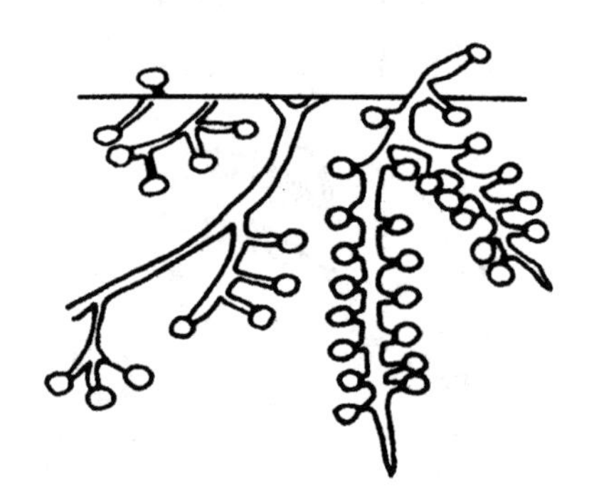

图 2-12 小单孢菌的形态

2.1.3 蓝细菌

蓝细菌(*Cyanobacteria*)已有 35 亿年的历史,地球由无氧环境转为有氧环境也是由于蓝细菌的出现及产氧所致的。蓝细菌在植物学和藻类学中被分类为蓝藻门。由于它的细胞结构简单,只具原始核,没有核膜和核仁,只具叶绿素,没有叶绿体。因此在生物学分类系统中它隶属于原核生物界的蓝色光合菌门,这一门的细菌叫作蓝细菌。

蓝细菌是光合细菌中种类最多、数量最大的一类原核生物，由于具有与植物类似的光合作用，早期曾将蓝细菌归为藻类，称为蓝藻或蓝绿藻，但其亚显微结构显示，它缺乏真核生物的细胞核，不含叶绿体，核糖体为70S，所以蓝细菌应属于细菌系统发育谱系中的一个分支。它属于产氧光合自养型生物，是地球上出现的第一种释放氧气的光合微生物，因此，蓝细菌在生物进化过程中起着十分重要的作用。

2.1.3.1　蓝细菌的大小和形态

蓝细菌直径一般为 1 ~ 10 μm，最小的是细小聚球蓝细菌，为 0.5 ~ 1.0 μm，与典型的细菌相近，而最大的巨颤蓝细菌可达 60 μm。多数蓝细菌由于含有藻青素而呈蓝绿色，但少数含有藻红素而呈红色或棕色。

蓝细菌广泛分布在陆地、淡水及海洋中，在温泉、盐湖、岩石等恶劣环境中也能发现它们的“足迹”。在强烈阳光直晒的沙漠中，蓝细菌表面会形成硬膜；在温暖的浅海湾，它们能形成厚厚的一层；在营养丰富的淡水湖中，它们大量繁殖，形成“水华”（water bloom），使水面变色。

在蓝细菌多形态中，仍有大量的变异形态。《伯杰氏系统细菌学手册》将蓝细菌分成五个形态类群（表 2-1）：二分裂单细胞、多分裂单细胞、不形成异形胞的丝状细胞、可形成异形胞的丝状细胞及分支丝状细胞。

表 2-1　蓝细菌的种群

类群	种别	DNA（G+C）
类群 Ⅰ—单细胞：单细胞或细胞聚集体	黏杆蓝细菌属（*Gloeothece*） 黏杆菌属（*Gloeobacter*） 聚球蓝细菌属（*Synechococcus*） 蓝丝菌属（*Cyanothece*）	35% ~ 71%
类群 Ⅱ—宽球蓝细菌目：通过多分裂产生小球形细胞的小孢子进行繁殖	皮果蓝细菌属（*Dermocarpa*） 异球蓝细菌属（*Xenococcus*） 小皮果蓝细菌属（*Dermocarpella*）等	40% ~ 46%
类群 Ⅲ—颤蓝细菌目：在一个单一细胞水平上通过二分裂形成丝状细胞	颤蓝细菌属（*Oscillatoria*） 螺旋蓝细菌属（*Spirulina*） 节螺蓝细菌属（*Arthrospira*）等	40% ~ 67%

续表

类群	种别	DNA（G+C）
类群Ⅳ—念珠蓝细菌目：产生异形胞的丝状细胞	鱼腥蓝细菌属（*Anabaena*） 念珠蓝细菌属（*Nostoc*） 眉蓝细菌属（*Calothrix*） 节球蓝细菌属（*Nodularia*）等	38% ~ 46%
类群Ⅴ—分枝：细胞分裂形成分枝	飞氏蓝细菌属（*Fischerella*） 真枝蓝细菌属（*Stigonema*） 拟绿胶蓝细菌属（*Chlorogloeopsis*） 软管蓝细菌属（*Hapalosiphon*）等	42% ~ 46%

几种常见的蓝细菌见图 2-13。

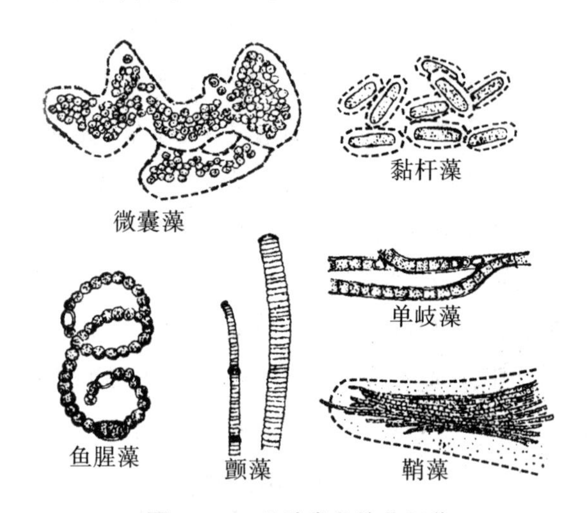

图 2-13　几种常见的蓝细菌

2.1.3.2　蓝细菌的繁殖方式

单细胞类型的繁殖是通过二分裂、多重分裂或从无性的个体释放一系列顶生细胞（外生细胞）进行繁殖，如宽球蓝细菌属（*Pleurocapsa*）、黏杆菌属（*Gloeobacter*）。有些是由分枝的丝状体或无分枝的丝状体组成的。有丝状体构成的类型通过反复的中间细胞分裂而生长，或通过丝状体无规则的断裂，或通过末端释放能运动的细胞断链（运动的细胞群 Hormogonia）进行繁殖，如颤蓝细菌属（*Oscillatoria*）、念珠蓝细菌属（*Nostoc*）。有些丝状体能产生专化的静止细胞或异形胞囊，在丝状体中静止细胞（休眠体）比营养细胞大，静止细胞萌发释放运动的细胞群，异形胞囊有较厚的外壁,与营养细胞有明显的差异,它是固氮的部位,如鱼腥蓝细菌属(*Anabaena*)(图 2–14)。

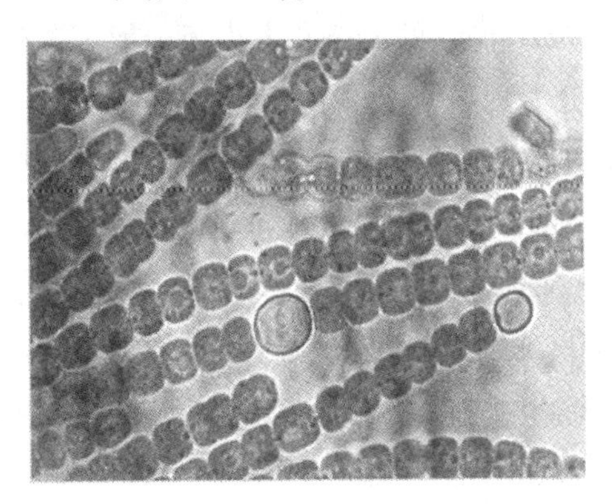

图 2–14　鱼腥藻的营养细胞及异形胞

2.1.4　其他类型的原核微生物

2.1.4.1　支原体

支原体(mycoplasma)是一类无细胞壁、介于独立生活和细胞内寄生生活间的最小型原核生物。最初是由患传染性胸膜肺炎的病牛中分离出来的,称为胸膜肺炎微生物,许多种类是人和动物的致病菌(如牛胸膜肺炎症等)。支原体在自然界分布较广,有些腐生种类生活在污水、土壤或堆肥中,少数种类可污染实验室的组织培养物。其常引起禽畜呼吸道、肺部、尿道生殖系统的炎症。1967 年后,人们发现在患“丛枝病”的桑、马铃薯等许多植物的韧皮部中也有支原体存在。为了与感染动物的支原体相区分,一般称侵染植物的支原体为类支原体(Mycoplasma–like organisms, MLO)或植原体(phytoplasma)。

2.1.4.2　立克次氏体

立克次氏体(rickettsia)是为纪念美国青年医师立克次氏(H. T. Ricketts)而命名的,他在研究斑疹伤寒时不幸感染此菌后死亡。立克次氏体是专性寄生在活细胞内的致病性原核微生物,它是引起斑疹伤寒、恙虫病、Q 热等传染病的病原体。

2.1.4.3 黏细菌

黏细菌(*Myxobacteria*)的形态和大小与一般细菌相似,但其生活周期较细菌复杂,可分为营养细胞和子实体两个阶段(图 2-15)。在营养细胞阶段,细胞呈杆状,宽度不超过 1.5 μm,革兰氏染色反应阴性,黏细菌不生鞭毛,但能向细胞外分泌黏液,从而在固体表面做"滑行"运动。黏细菌生长发育到一定阶段,分泌的黏液聚集在一起,将多个细胞包裹其中,在适宜条件下形成肉眼可见的子实体。在子实体内部,营养细胞转变成黏孢子(myxospore),呈球状或近球形,生长发育后期子实体失水干燥,释放出黏孢子,在适宜条件下黏孢子可萌发形成营养细胞。子实体的形状和颜色因菌种而异。

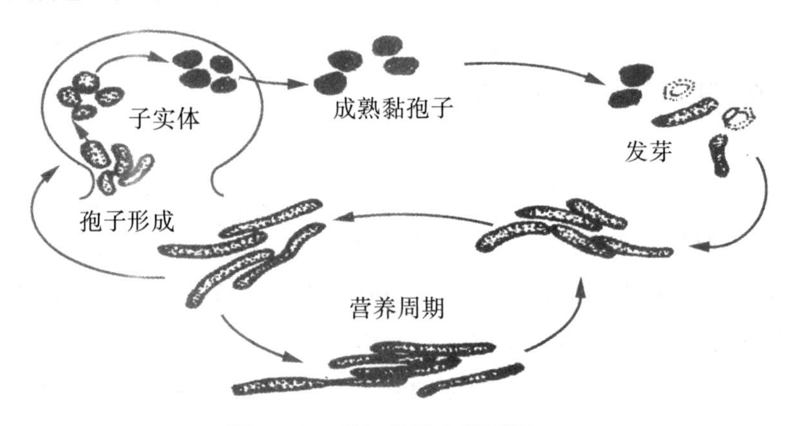

图 2-15 黏细菌的生活周期

2.1.4.4 蛭弧菌

蛭弧菌(*Bdellovibrio*)是个体微小、可寄生并裂解其他细菌的特殊原核微生物。其基本特征与细菌相似,单细胞,弧形或逗号状,革兰氏阴性,大小(0.3 ~ 0.6)μm×(0.8 ~ 1.2)μm,能通过细菌过滤器并形成蛭弧菌斑。多为端生单鞭毛,水生类群的鞭毛外还附有由壁延伸形成的鞘膜,运动活跃。蛭弧菌借特殊的"钻孔"效应(还有酶的作用)进入寄主细菌,利用寄主的细胞质为营养,在质外空间生长为螺旋状的蛭弧体。被侵染的细胞膨大呈球状,蛭弧体最后均分为多个具鞭毛的子细胞随寄主细胞的裂解而释放。完成全过程需 2.5 ～ 4.0 h（图 2–16）。

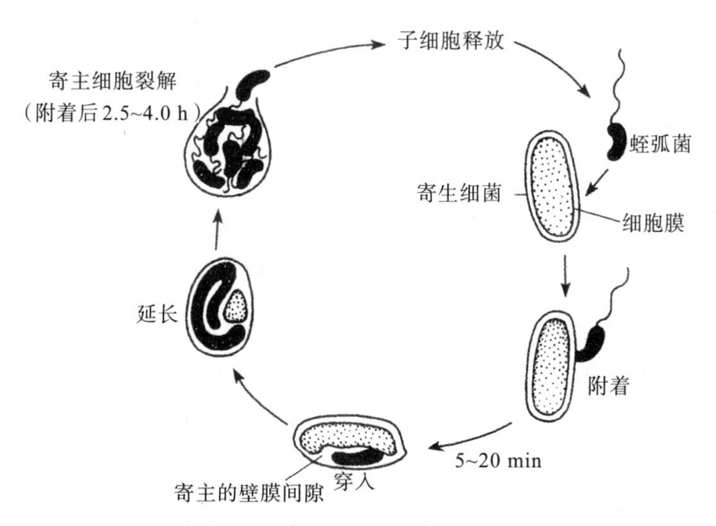

图 2–16　噬菌蛭弧菌（*B. bacteriovorusd*）的生活周期

2.1.4.5　衣原体

衣原体是已知细胞型微生物中生活能力最简单的，它没有产 ATP 的系统，因而只能在鸡胚等活组织中培养。衣原体的蛋白质中缺少精氨酸和组氨酸，这表明，它们的繁殖不需要这两种氨基酸。小细胞称原体，为非生长型细胞，球状，直径约 0.3 μm，壁厚且硬，具感染性，中央有致密的类核结构，RNA/DNA=1。大细胞称网状体（reticulate body），又称始体（initial body），为生长型细胞，直径约 1.0 μm，壁薄而脆，不具感染性，无致密类核结构，RNA/DNA=3。

衣原体感染始自原体，具有高度感染性的原体与易感宿主细胞表面的特异性受体吸附后，通过吞噬作用进入宿主细胞，形成吞噬小泡，阻止与吞噬溶酶体融合。原体在泡内细胞壁变软，增大形成致密类核结构的网状体。网状体在空泡中以二分裂方式反复繁殖，形成大量子细胞。然后，子细胞又变成原体，并通过宿主细胞破裂而释放，再感染新的宿主细胞。整个周期 35 ～ 40 h。与立克次氏体不同，衣原体不需媒介，它直接感染宿主。

2.1.4.6 古生菌

古生菌(*Archaea*)是美国伊利诺伊大学的 Carl R.Woese 及其同事提出的独立于细菌和真核生物之外的第三种生命形式。他们对多株细菌核糖体小亚基的 16S rRNA 序列研究后,发现有些菌完全没有代表细菌特征的那些序列,因此提出了古生菌是一支在系统发育上不同于细菌的单系群,是具有独特生态类型的原核生物。近期的研究表明其分布要比人们预想的广泛得多,其数量之大也是令人难以置信的,占到地球上生物总量的 20%。目前对古生菌的研究引起了科学家们广泛的兴趣,一方面是因为它们在生物进化上有重要意义,另一方面它们还是获取特殊酶(热稳定、酸稳定、盐稳定)的理想来源。

古生菌的代谢具有多样性,既具有化能有机营养类型,又有化能无机营养类型,还有少数的古生菌能进行独特的光合作用类型。

古生菌由于没有 6– 磷酸果糖激酶,所以在糖代谢过程中不能通过糖酵解途径降解葡萄糖。极端嗜热菌和嗜盐菌是利用一种被修饰的 ED 途径降解葡萄糖,但起始中间物非磷酸化,虽然这两种菌葡萄糖降解略有不同,但都产生丙酮酸和 NADH 或 NADPH。产甲烷菌不分解葡萄糖,但可以 EMP 途径的逆反应从非糖类前体物生成葡萄糖。

古生菌都能氧化丙酮酸生成乙酰辅酶 A,但不存在细菌和真核生物中的丙酮脱氢酶复合物,而是丙酮氧化还原酶;嗜盐菌和热原体属具有较完整的三羧酸循环,而在产甲烷菌中没有;在嗜盐菌和嗜热菌中已经有了以细胞色素 a、细胞色素 b、细胞色素 c 类型存在的功能性的呼吸链。

古生菌有关氨基酸、嘌呤或嘧啶等生物大分子前体物的生物合成目前知之甚少。推测有些关键性单体是由细菌中曾讨论过的中心生物合成的中间体产生的。有些产甲烷菌能固定空气中的分子氮。还有些产甲烷菌和极端嗜热菌可以糖原作为主要贮藏物质。

多数古生菌是自养菌,并有多种 CO_2 固定方式。产甲烷菌和多数化能无机营养的嗜盐菌,通过乙酰辅酶 A 途径或某些修饰限制途径固定 CO_2;极端嗜热的产液菌和热变形菌,像自养型绿硫细菌那样通过还原性三羧酸循环固定 CO_2;产甲烷菌和多数极端嗜热菌通过卡尔文循环进行

CO_2 固定。

嗜盐菌有两条途径获得能量：一条是在有氧存在下的氧化磷酸化途径；另一条是无氧条件下依靠紫膜的光合磷酸化途径，这是已知的最简单的光合磷酸化。

根据生理及形态不同，将古生菌域分为六个类群：产甲烷古生菌、极端嗜盐古生菌、超嗜热 S^0 代谢古生菌、无细胞壁古生菌、还原硫酸盐古生菌和纳米古生菌。

2.2 真核细胞微生物

真菌在自然界中分布非常广泛，与人类关系密切。真菌在食品、工业、农业等领域起到重要的作用。例如各种酒类、面包、调味品、豆腐乳等的生产，直接作为食品的木耳、香菇、蘑菇、金针菇等，作为名贵药材的灵芝、茯苓、天麻等，发酵工业生产的酒精、抗生素、有机酸、酶制剂等，在农业上用于生产植物生长激素、饲料以及用于生物防治等。但也有的真菌造成食品、物品的腐败变质，产生毒素使人畜中毒，引起农作物的病害及人类的疾病。

2.2.1 大型真菌

2.2.1.1 子囊菌类食用菌

大多数丝状子囊菌的子囊被包裹在一个由菌丝组成的包被内，形成有一定形状的子实体，称为子囊果(asocarp)。能产生有性孢子、结构复杂的子实体，其子囊和子囊孢子的发育过程中，从原来的雌器细胞和雄器细胞下面生出许多菌丝，它们有规律地将产囊菌丝包围，形成有一定结构的子囊果。子囊果有多种类型，如著名药用真菌冬虫夏草(图 2-17)，其子囊果或多或少是封闭的，子囊着生在一个球状或瓶状的子囊果内，称为子囊壳(perithecia)。而羊肚菌(*Morchellau* spp.)的子囊则着生在一个盘状或杯状开口的子囊果内,与侧丝平行排列在一起形成子实层,称为子囊盘(apothecia)。

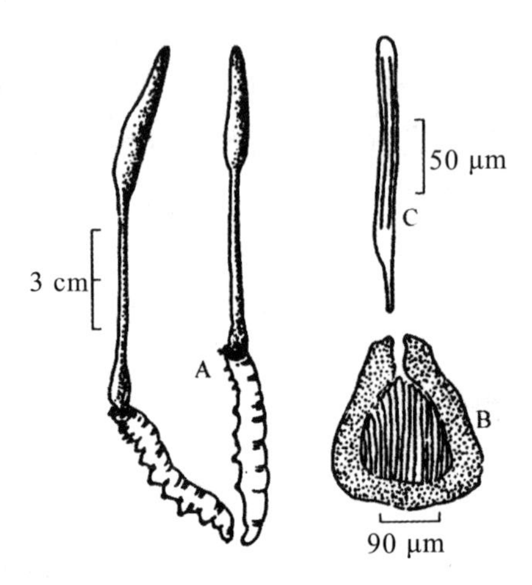

图 2-17 冬虫夏草

A—菌核及子座; B—子囊壳(内含子囊); C—子囊(内含子囊孢子)

2.2.1.2 伞菌

伞菌是包括通常称其子实体为蘑菇(mushroom)的一类担子菌,由菌盖(pileus cap)、菌柄(stalk)、菌褶(gill)、菌环和菌托构成。

在担子菌中,有木耳(*A.auricula*)、毛木耳(*A.polytricha*)、银耳(*T.fuciformis*)等胶质子实体。也有著名的双孢菇(*A.bisporus*)、金针菇(*F.velutipes*)、香菇(*L.edodes*)等肉质子实体。还有中医宝库中的珍品灵芝为革质子实体。这些都是我国普通人工栽培的重要食用菌。

木耳亦称黑木耳,是一种木材腐朽菌,能分解纤维素和木质素。木耳属于木耳属。木耳属的担子果杯状、耳状或叶状,全部胶质或仅子实层胶质。子实层平滑,有皱褶或网格。担子圆柱形,有 3 个横隔,将担子隔成 4 个细胞,每个细胞上产生一个小梗,小梗上生担孢子。木耳的生活史见图 2-18。

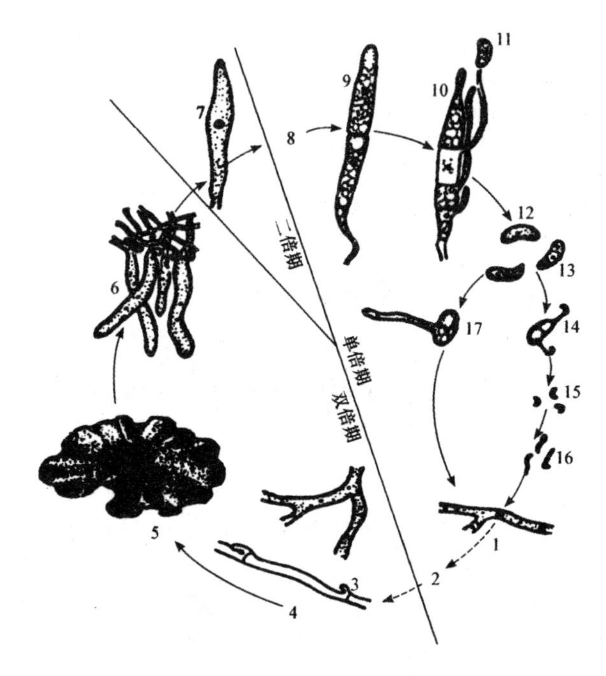

图 2-18　木耳生活史

1—单核菌丝；2—双核化；3—双核菌丝；4—锁状联合；5—担子果；6—幼小的双核担子；7—核配；8—减数分裂；9—幼担子；10—成熟的担子；11,12—担孢子；13—担孢子产生横隔；14—分生孢子；15—分生孢子脱落；16—分生孢子萌发；17—担孢子萌发

2.2.1.3　菌根食用菌

菌根是真菌与高等植物的根部形成的菌根合体(共生体),有内生菌根和外生菌根两大类。菌根菌可从土壤中摄取矿物质输入宿主根部,供植物吸收利用,同时也依靠一些活的树木根系建立物质交换,并以树木作为主要营养来源所形成的子实体,称为菌根食用菌(mycorhizal edible fungi)。据资料记载,我国目前已知的 567 种野生食用菌资源中,有 352 种是属于菌根食用菌,如黑孢块菌、松茸、美味牛肝菌、鸡油菌、红菇、形成天麻的密环菌等。

2.2.2 酵母菌

酵母菌是俗称，是一群比细菌大得多、以出芽繁殖为主的单细胞真核微生物。在自然界中主要分布在含糖较高的偏酸性环境中，如果品、蔬菜、花蜜、植物叶子的表面、果园的土壤等。

酵母菌被广泛用于酿酒工业，现代生活中还被用来制作馒头和面包；但酵母菌也会危害食品工业，引起果汁、酒类、肉类等食品变质。

2.2.2.1 个体形态和大小

酵母菌是单细胞个体，个体形态依种类不同而多种多样，常见有球状、椭圆状、卵网状、柠檬状、香肠状等（图 2-19 和图 2-20）。

图 2-19 酵母菌的基本形态

1—圆状；2—椭圆状；3—卵圆状；4—柠檬状；5—香肠状

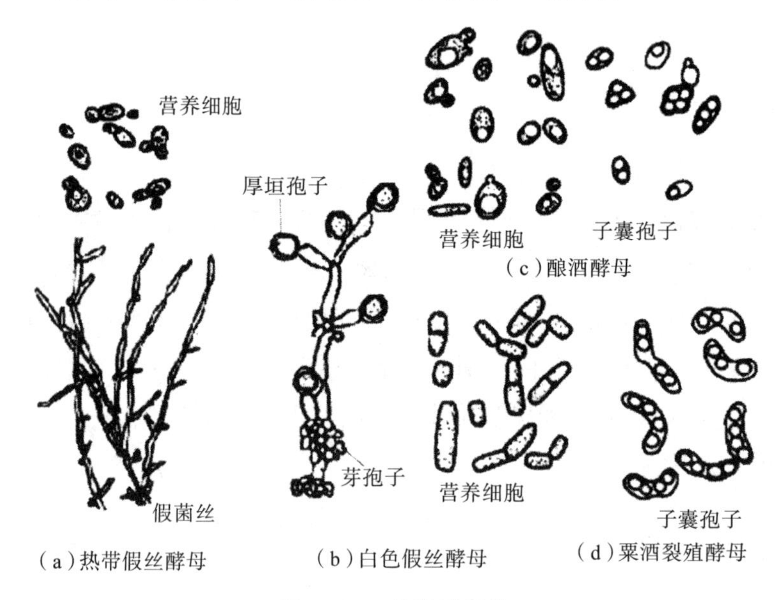

图 2-20 几种酵母菌

有些酵母细胞进行连续的芽殖后，与其子代细胞没有立即分离，而像藕节状或竹节状连在一起，称为假菌丝，如图 2-21 所示。

图 2-21　酵母菌的假菌丝

酵母菌细胞比细菌细胞要大，一般为（5 ～ 30）μm×（1 ～ 5）μm，用普通光学显微镜就可以看清楚。

2.2.2.2　细胞结构

酵母菌的细胞形态构造如图 2-22 所示。

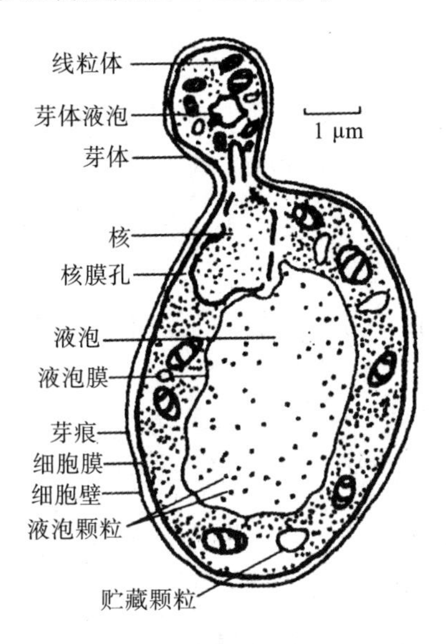

图 2-22　酵母菌细胞的形态构造

（1）细胞壁。在普通光学显微镜下可以看到，细胞壁位于细胞的最外层；其主要成分是葡聚糖和甘露聚糖，还有 6% ～ 8% 的蛋白质和 10%

左右的类脂类物质。

（2）细胞膜。细胞膜紧贴在细胞壁内，其基本结构、主要成分同细菌细胞是一样的。

（3）细胞质及内含物。细胞膜内黏稠的胶体物质即细胞质。细胞质中有肝糖粒、脂肪粒、异染颗粒等内含物。

老龄细胞的细胞质中往往会出现大的液泡，液泡的成分是有机酸及其盐类水溶液，这是细胞成熟的标志。

酵母菌细胞质中还含有核糖体、线粒体等完整的细胞器，这是同细菌细胞的一个主要区别。

（4）细胞核。酵母菌细胞中有真正的细胞核，这是原核细胞与真核细胞的一个重要区别。酵母菌的细胞核呈圆形，一般位于细胞的中央，但老龄细胞中，由于液泡的增大而往往被挤在一边，呈肾腰形。

酵母菌的细胞核由核膜、核仁、核质三部分构成。核膜是把细胞质与核质分隔开的一层膜。核膜上有很多小孔，称为核孔，是核质与胞质之间交换物质的选择性通道。

核质的主要成分是染色体，这是细胞核的主要结构物质，是 DNA 和蛋白质的复合物，在细胞的代谢、繁殖和遗传中起着极为重要的作用。核膜内有核仁，主要成分是 RNA 和蛋白质。

2.2.2.3 酵母菌的繁殖方式和生命周期

（1）酵母菌的繁殖方式。酵母菌的繁殖方式如下所示。

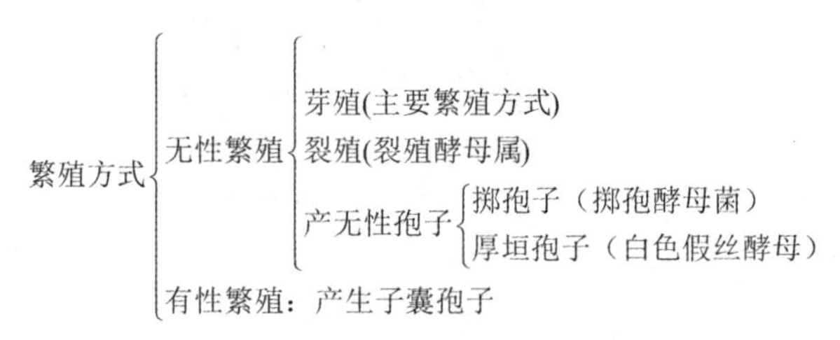

这里主要介绍有性繁殖。有性繁殖是指通过两个有性差异的细胞相互接合形成新个体的繁殖方式。有性繁殖过程一般分为质配、核配和减数分裂三个阶段。

质配是两个配偶细胞的原生质融合在同一细胞中，两个细胞核不结合，每个核中是单倍染色体。核配即 2 个核结合成 1 个双倍体的核。减数分裂使细胞核中的染色体数目又恢复到单倍体。

当酵母菌细胞发育到一定阶段，邻近的两个性别不同的细胞各自伸出一根管状原生质突起，随即相互接触，接触处的细胞壁溶解，融合成管道，然后通过质配、核配形成双倍体细胞，该细胞在一定条件下进行 1 ~ 3 次分裂，其中第一次是减数分裂，形成 4 个或 8 个子核，每一子核与其附近的原生质一起，在其表面形成一层孢子壁后，就形成了 1 个子囊孢子，其过程如图 2-23 所示，而原有的营养细胞就成了子囊。

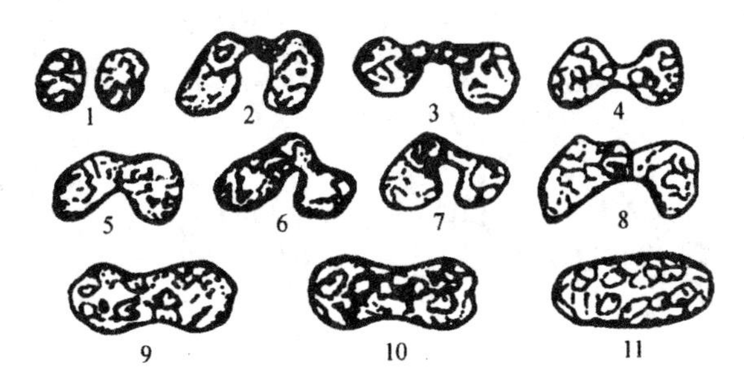

图 2-23　酵母菌子囊孢子的形成过程

（1 ~ 4）—两个细胞结合；5—接合子；（6 ~ 9）—核分裂；（10 ~ 11）核形成孢子

酵母菌形成子囊孢子的难易程度因种类不同而异。有的酵母菌不形成子囊孢子，而有的酵母菌几乎在所有培养基上都能形成大量子囊孢子；有的种类则必须用特殊培养基才能形成；有的酵母菌在长期的培养中会失去形成子囊孢子的能力。

（2）酵母菌的生命周期。酵母菌个体经过一系列生长发育阶段后产生下一代个体的全部过程，称为该生物的生命周期。酵母菌的单倍体和二倍体都有可能独立存在，并进行生长繁殖，所以酵母菌的生命周期包含了单倍体生长阶段和二倍体生长阶段两个部分。

2.2.3　担子菌

2.2.3.1　细胞形态结构

担子菌是多细胞真菌，它的菌丝体由许多分枝的菌丝组成，菌丝呈管状。担子菌的菌丝细胞大多含两个核，称双核菌丝（binucleate mycelium）。大多数食用菌的基本形态是双核菌丝。

孢子萌发形成的菌丝称为初生菌丝（primary mycelium），比较纤细。初期为多核，以后产生隔膜，使每个细胞只含一个细胞核，故初生菌丝又称“单核菌丝”（monocaryon mycelium）。初生菌丝的细胞核染色体为单倍体，因此，这种菌丝不会形成子实体，只有经过两条初生菌丝接合成双核菌丝后才能发育成子实体（图 2–24）。

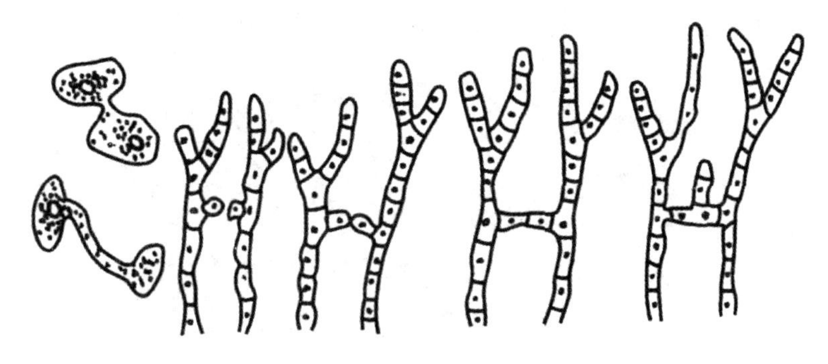

图 2–24 双核菌丝的形成过程

初生菌丝经过质配后，菌丝细胞中的细胞核由一个变为两个，此时的菌丝称次生菌丝（secondary mycelium）。由于每个细胞含有两个核，故又称双核菌丝。双核菌丝构成双核菌丝体是担子菌又一个明显的特征。根据初生菌丝接合形成双核菌丝方式的不同，分为同宗接合和异宗接合两种方式。所谓同宗接合是指从一个孢子所萌发的两条菌丝之间能进行接合而形成双核菌丝的现象。异宗接合是指在形态上相似，但性别上不同的两种菌丝接合而形成双核菌丝的现象。大多数食用菌，如香菇、木耳、平菇等均是异宗接合。

大多数担子菌在双核菌丝期进行细胞分裂时，往往形成一种锁状突起，横跨在两个细胞之间的隔膜上而把两个细胞连接起来，这种特殊构造称为锁状联合（clamp connection）（图 2–25）。这构成担子菌菌丝体另一个重要特征。

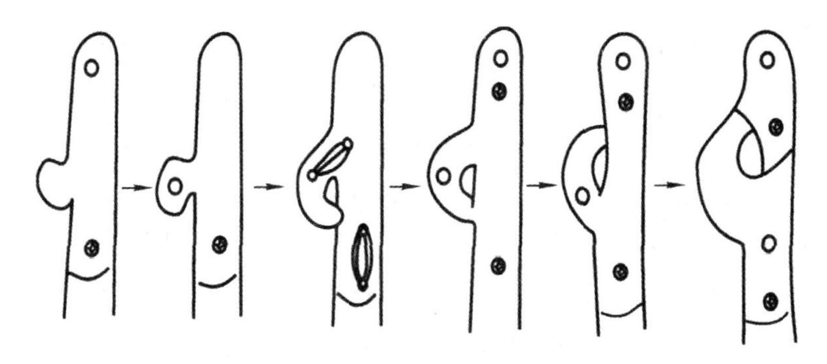

图 2-25　锁状联合形成过程

只有在担子菌中才能找到锁状联合。所以虽然在一般培养基上担子菌不产生子实体,但通过显微镜检查其菌丝体有无这个特殊构造,也可以帮助区分是否为担子菌。

子实体(sporocarp, fructification)是产生孢子的构造,由气生菌丝特化而成。不同担子菌形成形态和结构不同的子实体。食用菌子实体的形态多种多样,有头状(猴头菌)、花朵状(银耳)、球状(马勃)、伞状(蘑菇),但以伞状最多。在地上部分即为子实体。在一定温度与湿度条件下,基内菌丝体取得足够养分后,向上生长形成子实体。子实体初期形状如鸡蛋,外有外菌幕包着。成熟后,它由菌盖、菌柄、菌环、菌托等几部分组成,如图 2-26 所示。

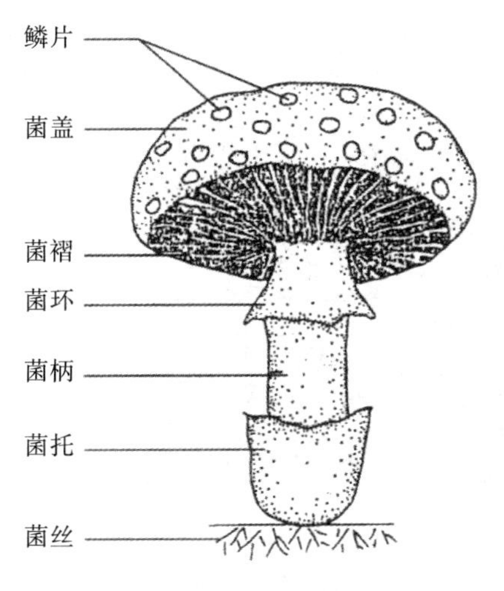

图 2-26　伞菌模式图

（1）菌盖。菌盖（pileus）的形状多种多样，常见的有钟状、斗笠状、半球状、漏斗状和贝壳状等。它的表面干燥、湿润、光滑，有的还有不同附属物，如纤毛、环纹、各种鳞片（squama）等。菌盖的边缘形状成熟后有内卷、反卷、上翘、延伸等。周边有全缘而整齐或呈波状而不整齐。

菌盖的表层称为皮层（pellis）。在皮层菌丝里含有不同色素，有白色、灰黑色、红色、茶褐色。皮层下面便是菌肉，菌肉是最有食用价值的部分。绝大多数食用菌的菌肉为肉质，大部分由菌丝所组成。

（2）子实层体。子实层体（hymenophore）位于菌盖的下面，是生子实层的部分，有的呈片状，称菌褶；有的呈管状，称为菌管。子实层排列在菌褶两侧，或菌管周围的表面。

①菌褶（gills lamella）。其通常呈刀片状，由菌柄向外到达菌盖边缘，呈放射状排列。菌褶中部是菌髓（trama）细胞，两面是子实层。菌褶所显示的颜色，一般是孢子的颜色，幼嫩时白色，老熟后变成各种不同的颜色。菌褶的形状有宽的、窄的、三角形的。菌褶的边缘通常完整平滑，也有呈波状或锯齿状的。

②菌管（tubule）。其呈管状，有长有短，管口有粗有细。牛肝菌的子实层呈管状。

③子实层（hymenium）。其由无数栅状排列的担子（basidium）和囊状体组成（图 2-27）。

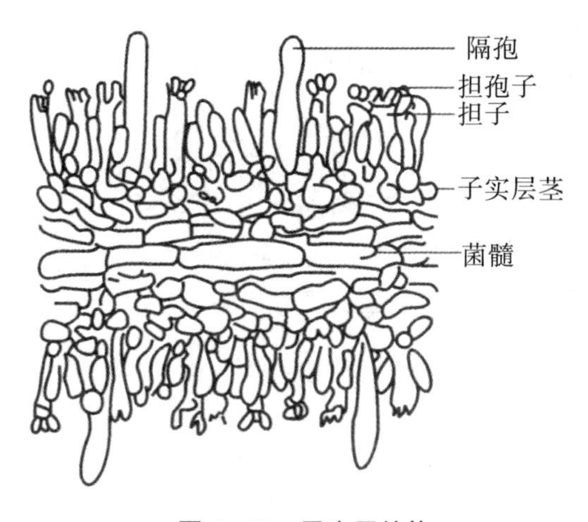

图 2-27　子实层结构

（3）菌柄。菌柄（stipe）是菌盖的支持部分，其质地有肉质、蜡质、革质等。有的与菌盖不易分离，有的极易分离。菌柄形状有圆柱状、棒状、纺锤状、杆状等。表面有的有纵行沟纹，有的有网状纹，有的光滑，有的有鳞片、碎片、茸毛、纤毛等附属物。菌柄有的空心，有的实心，有的填塞，但这些性状随生长阶段而发生变化。

菌柄与菌盖的着生位置有 3 种：

①中央生。菌柄生于菌盖的中央，如蘑菇、草菇等。

②偏生。菌柄生于菌盖的偏心处，如香菇等。

③侧生。菌柄生于菌盖一侧，如侧耳。

（4）菌环。有些食用菌子实体幼年期，菌盖边缘与菌柄连接处有一层膜称内菌幕（inner veil）。当子实体成长后，内菌幕破裂，常在菌柄上留下一个环状物，这就是菌环（annulus, cingula）。部分内菌幕残留在菌盖边缘。菌环有的位于菌柄上部，有的在中部或下部。菌环大小、厚薄各异。有的固定不动，有少数的可上下移动（即可动菌环）。

（5）菌托。某些食用菌子实体在发育早期，外面有一层膜包着，这层膜称总苞或外菌幕（universalveil）。在子实体发育过程中，薄的外菌幕常常消失掉，不留痕迹。但厚的外菌幕常全部或部分遗留在菌柄的基部，形成一个袋状物，这就是菌托（volva），如草菇的子实体有明显的菌托。

菌托上缘，有的边缘整齐，有的呈波状，有的开裂，有的呈几圈残片环绕在菌幕基部。

2.2.3.2　常见担子菌

（1）双孢菇（*Agaricus bisporus*）。群生至丛生，菌盖宽 7 ~ 12.0 cm，肉质，表面平滑，不黏，扁半球形至平展，白色至淡黄色，菌肉白色，厚 1.4 ~ 2.0 cm。菌柄与菌盖同色，近圆柱形，内部松软，（5.0 ~ 9.0）cm×（1.5 ~ 3.0）cm；菌环生柄的中部，白色膜质；菌褶密，粉红色，后变为暗褐色；担子上有 2 个担孢子；担孢子椭圆形，光滑，紫褐色，（6.0 ~ 8.5）μm×（4.5 ~ 6.0）μm（图 2-28）。

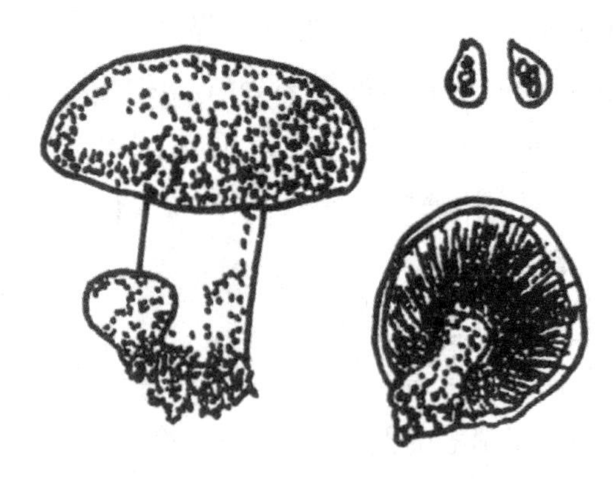

图 2-28　双孢菇

双孢菇生于厩肥上。其味鲜美，普遍栽种生产。此菌可分解核糖核酸，得到 4 种 5′－核苷酸物质。另外，利用此菌种还可生产草酸和产生抗细菌的抗生素。

（2）灵芝（*Ganoderma lucidum*）。菌盖木栓质，半圆形或肾形，罕近圆形，达 12 cm × 20 cm，厚达 2 cm，黄色，渐变为红褐色，皮壳有光泽，有环状棱纹和辐射状皱纹，边缘薄或平截，往往稍内卷；菌肉近白色至淡褐色，厚达 1 cm；菌管长达 1 cm，近白色，后变为浅褐色，管口初期白色，后期呈褐色，平均每毫米 4 ～ 5 个；柄侧生，稀偏生，长达 19 cm，直径约 4 cm，紫红褐色，其皮壳亦有光泽；孢子褐色，卵形，（8.5 ～ 11.5）μm ×（5.0 ～ 6.5）μm（有时宽 7 ～ 8 μm），中央含有一个大油滴（图 2-29）。

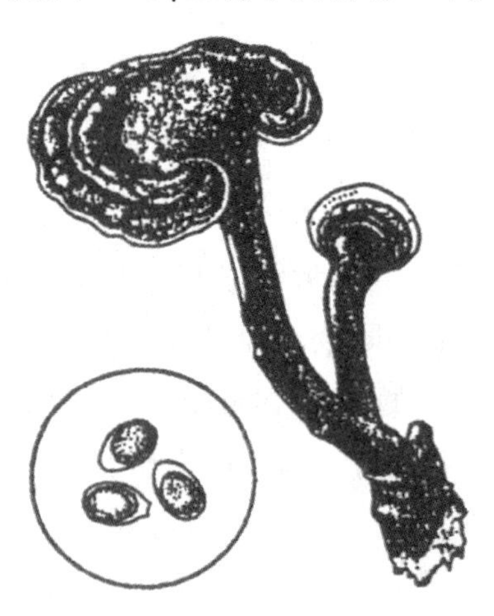

图 2-29　灵芝的子实体和孢子

灵芝生长在栎树及其他阔叶树的木桩上，它是重要的名贵药材。

（3）猴头菌（*Hericium erinaceus*）。猴头菌以它的形状像猴子的头而得名（图 2–30）。它是一种珍贵的野生食用菌。猴头、燕窝、鱼翅、海参被誉为 4 大名菜。

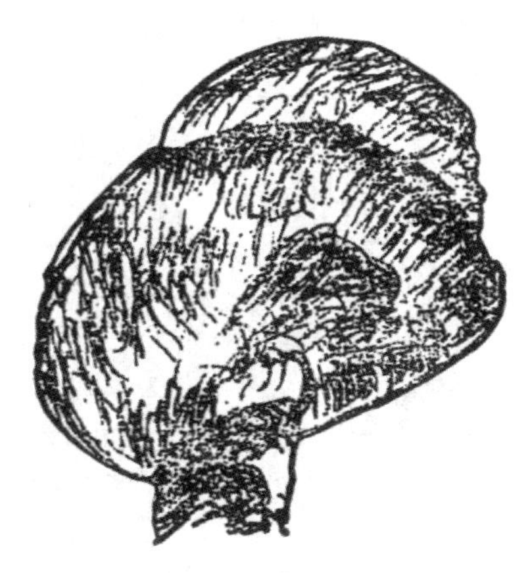

图 2–30　猴头

本菌担子果无柄，块状，直径 5 ～ 10 cm，无明显的菌盖。子实体肉质，新鲜时全白色，干后浅褐色，基部着生处狭窄、长圆筒形，下端尖锐，长 1 ～ 3 cm，直径 1 ～ 2 mm。孢子球形，无色，直径 5 ～ 6 μm。子实层着生于明显的刺上，刺发达，长约 3 cm，锥形，下垂。生于栎树、胡桃树等的木桩上，既可在活树上寄生，又可在枯树上腐生，因此说猴头菌为腐生、半腐生。人工栽培原料是木屑、甘蔗渣、棉籽壳、稻壳和淀粉混合物等。实验显示：用葡萄糖、蔗糖、淀粉作碳源，菌丝生长无明显差别；在含有酵母膏、麸皮的培养物内菌丝生长较快，但不能利用尿素；培养温度在 25 ～ 26 ℃生长较快，35℃即停止生长，15 ～ 22 ℃最适于形成子实体。该菌的代谢产物具有抗癌作用。

（4）香菇（*Lentinus edodes*）。菌盖半肉质，柄偏生或近中生，其组织与菌盖相连，盖宽 5 ～ 12 cm，扁半球形，后渐平展，深肉桂色，上有淡色鳞片，菌肉厚，白色。柄常弯曲，长 3 ～ 5 cm，直径 5 ～ 8 mm；菌环以下部分往往覆有鳞片，菌环窄而易消失，菌褶白、稠密、凹生，孢子无色、光滑、椭圆形，（4.5 ～ 5.0）μm ×（2.0 ～ 2.5）μm（图 2–31）。香菇在新鲜时，香气并不浓厚。在用火烤干或阳光晒干后，香菇会发出一种特别的香味来。香味在营养上还有它的特殊价值，因为它含有一般蔬菜所缺少的麦角固醇，通过接受日光的作用，而转变为维生素 D，从而增加人体的抗病力。

图 2-31　香菇子实体和孢子

香菇分布于山林地带，海拔在 400 ~ 1 000 m，多半为阔叶常绿树林。山间能保持一定的湿度。18 ~ 28 ℃均能良好生长。人工栽培香菇，可用枫树、栲树、青岗栎、槲栎和栗树等材料。枫香木和栲树所产香菇既大又多，品质也好。

（5）银耳（*Tremella fuciformis*）。银耳别称白木耳，担子果胶质，圆形，多沟槽或多裂瓣，纯白色，半透明，宽 5 ~ 10 cm，由薄而卷曲的瓣片所组成，担子近球形，（12 ~ 13）μm × 10 μm，无色，孢子近球形，（6.0 ~ 7.5）μm ×（4 ~ 6）μm。由种木里长出来的幼银耳是一小块白色的胶状物，在湿度充足时渐渐长大，成为纯白色的胶质花朵状菌体（图 2-32）。

银耳喜欢阴湿之地，生在栎属和其他阔叶树木上。

银耳是一种营养丰富的滋补品，具有补肾、润肺、止咳、生津益气、健脑等功效。

（6）口蘑（*Tricholoma mongolicum*）。菌盖肉质，无毛或绒毛状纤丝，幼小时边缘向内卷曲，菌盖宽 5 ~ 12 cm，白色，半球形，最后平展，光滑，边缘初期内卷；菌肉白色，厚；菌褶白色，稠密，中部宽，凹生。孢子无色，光滑，椭圆形，（6 ~ 8）μm ×（3 ~ 4）μm；无菌环及菌托。柄粗壮，中生，长 3.5 ~ 6.0 cm，直径 1.5 ~ 3.5 cm，白色，内实，基部稍膨大（图 2–33）。菌丝中含有多种氨基酸，营养价值很高。用此菌分解核糖核酸，可得到 4 种 5'–核苷酸。也有人在此属菌系中筛选抗癌物质。该菌盛产于内蒙古草原、张家口以北草地。

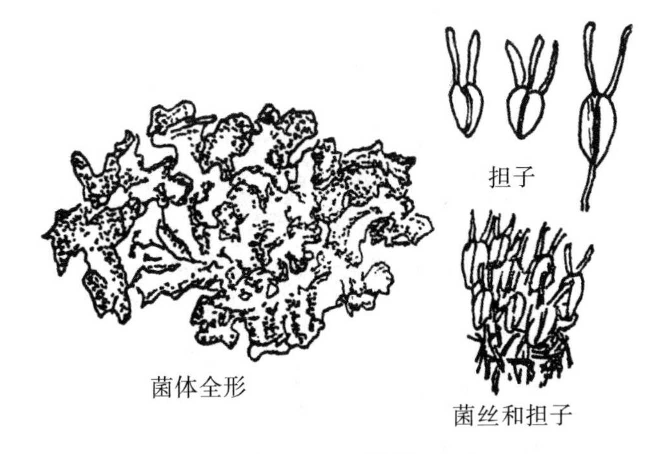

图 2–32　银耳

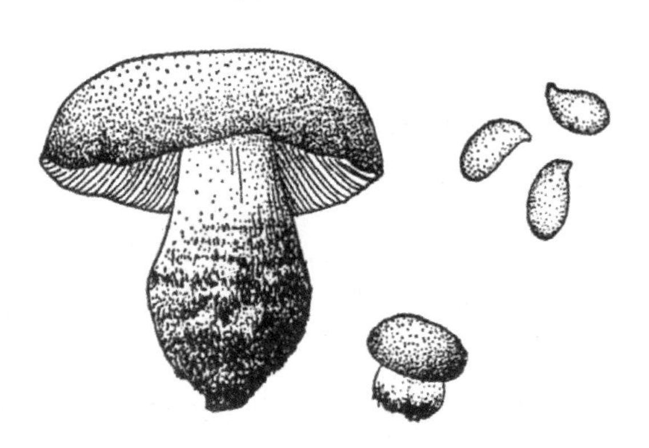

图 2–33　口蘑的子实体和孢子

（7）草菇（*Volvaria volvacea*）。丛生，菌盖肉质，宽 5 ~ 19 cm，钟形，伸展后中央稍凸起，灰色，有暗色纤毛，形成辐射条纹，中央灰黑色，往四周色渐浅；菌肉白色，松软，中央较厚。菌褶离生，白色，后变为粉红色；孢子光滑，椭圆形，（6 ~ 8）μm ×（4 ~ 5）μm，成堆时粉红色。柄生菌盖中央，易与菌盖分离，基部具膜质菌托，蛋壳形。柄近圆柱形，长 5 ~ 18 cm，直径 8 ~ 15 mm（图 2–34）。本菌适于在比较炎热地区栽培，如广东、广西、福建等。栽培材料一般都用稻草。从栽培到收获大约一个半月，以后就可陆续采收。

图 2-34 草菇的子实体和孢子

2.3 非细胞型微生物

病毒(virus)为非细胞型微生物,是 19 世纪末才被发现的一类微小的具有部分生命特征的分子病原体。

2.3.1 病毒的大小和形态

病毒通常以纳米(nm)作为度量单位。不同的病毒,颗粒大小差别很大,较小的病毒直径仅 18 ~ 20 nm,较大的病毒为(300 ~ 450)nm × (170 ~ 260)nm,可以在光镜下看到。

在已发现的数千种病毒中,病毒颗粒的形态大致可分为球形颗粒、杆状颗粒和复杂形状颗粒(如蝌蚪形、卵形、砖形)等少数几类。有些病毒的颗粒还呈现多形性,如流感病毒,新分离的毒株常呈丝状,而在细胞内稳定传代后则成为直径约 100 nm 的拟球状颗粒。病毒的形态如图 2-35 所示。

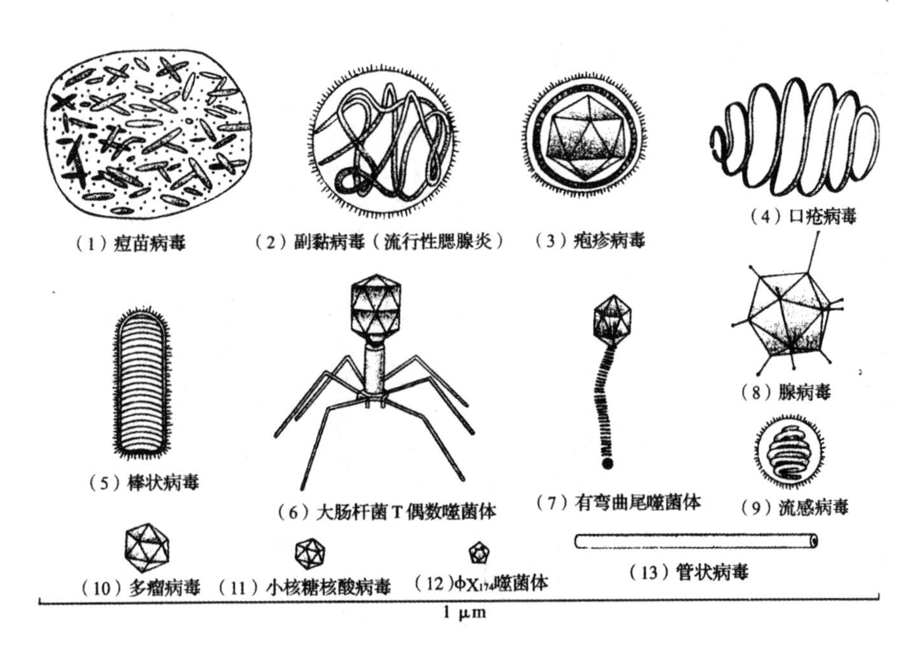

图 2–35　各种主要病毒的形态与大小比较

2.3.2　病毒的化学成分

2.3.2.1　核酸

核酸是病毒的遗传物质。一种病毒只含有一种特定类型的核酸（即 DNA 或 RNA）。大多数病毒的基因组都是单倍体，只有反转录病毒（retrovirus）的基因组为二倍体。

病毒核酸具有多样性的结构特征，包括黏性末端、循环排列和末端重复序列等。

2.3.2.2　蛋白质

病毒的蛋白质根据其是否构成病毒颗粒结构而被分为结构蛋白和非结构蛋白。结构蛋白是指构成一个形态成熟的感染性病毒颗粒所必需的蛋白质；非结构蛋白是指由病毒基因组编码、在病毒复制过程中产生并具有一定功能，但不一定存在于病毒颗粒中的蛋白质。其中结构蛋白又可细分为衣壳蛋白、包膜蛋白和病毒颗粒中的酶类。图 2–36 所示为人类免疫缺陷病毒（HIV）的结构示意图。

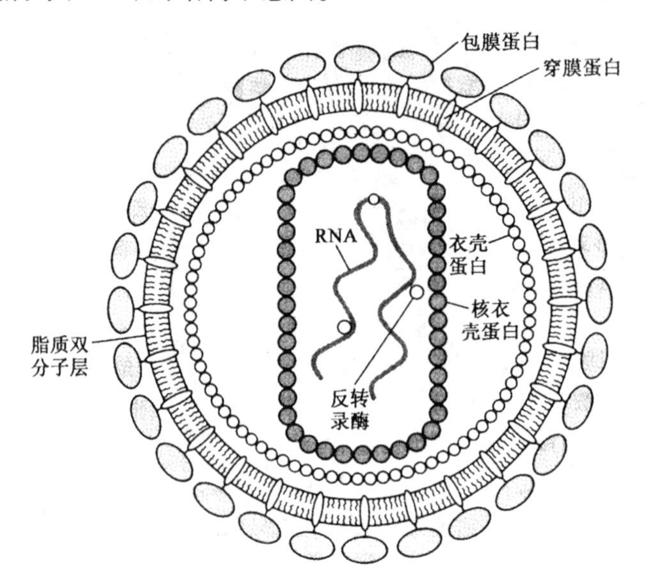

图 2-36　HIV 结构示意图

注：病毒颗粒由蛋白质（表面蛋白需要糖基化修饰）、核酸、酶类、脂质等组成

（1）衣壳蛋白。衣壳蛋白组成病毒颗粒外层衣壳结构，由一条或多条多肽链折叠而形成的蛋白质亚单位是构成衣壳蛋白的最小单位。大多数病毒衣壳是由几种不同的蛋白质亚单位以特异的方式结合成一种更大的单位——衣壳粒。决定蛋白质亚单位正常地聚集成衣壳粒的信息就包含在蛋白质本身的结构中，该装配过程称为自组装。单个病毒颗粒可以由许多衣壳粒构成。衣壳蛋白除了构成病毒衣壳的结构组分外，还具有保护病毒核酸的作用。衣壳蛋白与它内部包裹的核酸等内容物一起，构成核衣壳结构。一些病毒颗粒仅具有这样的结构，这类病毒也称为裸病毒。这类病毒的衣壳蛋白还参与病毒的吸附和进入，决定病毒的宿主嗜性，同时还是病毒的表面抗原。

（2）包膜蛋白。一些病毒的核衣壳结构外面具有一层镶嵌着蛋白质的脂双层膜结构，称为包膜。具有包膜的病毒通常称为包膜病毒。大多数包膜病毒是动物病毒（如流感病毒）。包膜蛋白主要包括包膜糖蛋白和基质蛋白两类。包膜糖蛋白是包膜病毒的主要表面抗原，通过与宿主细胞上的受体相互作用从而导致病毒感染。根据侧链中单糖组成不同，包膜糖蛋白分为简单型和复合型糖蛋白。基质蛋白是核衣壳与脂双层间的亚膜结构，可支撑病毒结构并参与核衣壳与包膜糖蛋白的识别，有利于病毒的出芽。

（3）病毒颗粒中的酶类。在一些病毒复制过程中，病毒自身表达一些蛋白，作为催化遗传信息复制的酶。如反转录病毒、嗜肝 DNA 病毒颗粒中的反转录酶；负链 RNA 病毒颗粒中的 RNA 依赖性的 RNA 聚合酶；有一些 dsDNA 病毒颗粒中也需要编码特殊的 DNA 依赖性的 RNA 聚合酶等。

此外病毒颗粒中还有一些酶类参与病毒进入、释放等过程。如一些噬菌体的溶菌酶，使细菌细胞壁上形成孔洞促进病毒核酸进入。感染后期溶菌酶会大量产生，利于裂解宿主细胞，从而释放病毒颗粒。流感病毒中的神经氨酸酶在病毒释放过程中也具有类似功能。

2.3.2.3　脂质

包膜病毒的包膜结构中含有来源于宿主细胞膜结构的脂质化合物，主要成分是磷脂、糖脂和胆固醇。病毒的脂质构成了病毒包膜的脂双层结构，脂双层对于维持病毒颗粒结构的完整性，保护病毒的核衣壳十分重要。用脂质溶剂或磷脂酶处理后，包膜病毒的侵染性会大大降低。

2.3.2.4　糖类

糖是病毒颗粒不可缺少的组分之一，病毒中的糖类通常由宿主细胞合成。核糖或脱氧核糖存在于病毒 RNA 或 DNA 中，寡糖以侧链形式存在于某些病毒糖脂或糖蛋白中，黏多糖是病毒中糖类的另一种存在形式。有些复杂病毒还含有内部糖蛋白或者糖基化蛋白。

2.3.2.5　其他组分

细胞中存在丁二胺或亚精胺等多胺，大多数为阳离子，与核酸中的磷酰基阴离子具有亲和性。一些金属阳离子也能以同样的方式结合核酸。在装配过程中，病毒可以从外界环境中获得这些成分，虽然它们与病毒核酸的结合一般是随机的，但仍可对病毒核酸构型产生影响。

2.3.3 病毒的测定

病毒的定量分析又称为病毒的测定。病毒既能根据其理化性质或免疫学性质进行定量检测,也能根据它们与宿主或宿主细胞的相互作用进行定量分析,分为物理学方法和生物学方法两个方面。

2.3.3.1 物理学方法

（1）电子显微镜计数病毒颗粒。在电子显微镜下直接观察病毒粒子并计数的方法。

（2）血凝反应。在动物病毒中,一些裸露病毒的衣壳蛋白和许多有包膜病毒的包膜蛋白能够在一定条件下凝集红细胞,红细胞凝集量与病毒浓度成正比。通过检测凝集红细胞的量间接对病毒进行定量。

（3）免疫学方法。依据病毒的抗原性质建立免疫沉淀试验、酶联免疫吸附试验对病毒进行定量。

（4）分光光度法。以特定波长光下病毒溶液的吸光度表示病毒浓度。

用物理学方法仅能测定病毒总量,不能反映病毒的活力和感染性。除电镜计数外,其他方法测定的是样品中病毒颗粒的相对数量。

2.3.3.2 生物学方法

生物学方法能够测定宿主体内有感染性病毒颗粒的数量,这种测定又称为病毒感染性测定。待测样品中的病毒数量通常以单位体积（mL）病毒悬液的感染单位数目（IU/mL）来表示,称为病毒的效价。生物学方法主要包括蚀斑测定和终点法。

（1）蚀斑测定。这是最完善且最常用的病毒生物学测定方法,最先被应用于细菌、病毒、噬菌体的感染性测定上。噬菌体是感染细菌的病毒。在琼脂平板上培养细菌,细菌生长成为肉眼可见的混浊层,当有病毒颗粒成功感染时,随噬菌体的复制,细菌会逐渐裂解死亡,形成一个清亮的裂解圈,称为噬菌斑,故也称为噬菌斑（或噬斑）测定。产生的噬菌斑数目与加入的有感染性的噬菌体颗粒数量成正比。动物病毒的蚀斑测定方法与噬菌体计数方法类似，即将病毒样品接种到单层培养细胞中，被感染的细胞用半固体培养基覆盖，持续培养直至出现蚀斑。为了便于观察，单层细胞可用中性红染液染色。由于动物病毒在单层细胞培养上产生的蚀斑表现不同，故又分为空斑测定、合胞体计数、转化测定和吸附斑测定等不同表示方法。

蚀斑测定之所以被视为是最完善且最常用的病毒生物学测定方法，是因为产生的蚀斑数目代表着感染性病毒颗粒数量，而不包括无感染活性的病毒，而前者通常是真正需要测定的病毒数量。蚀斑测定的结果常用每毫升蚀斑形成单位来计算病毒悬液的滴度。

植物病毒一般用坏死斑法（或枯斑法）进行测定。先将能够破坏植物表皮与细胞壁的金刚砂粉末与植物病毒样品混合，用这种混合物摩擦植物叶片完成接种，感染导致叶片形成坏死斑，以每毫升混合物的坏死斑形成单位表示植物病毒的效价。

（2）终点法。对不适于用蚀斑或坏死斑法计数，但可观察并测定感染病变的病毒，可用终点法进行定量。首先将病毒进行系列稀释，将某稀释度的样品接种于细胞进行培养。当半数个体出现感染反应时的病毒剂量称为半数效应剂量。据此，利用终点法可测定出半致死剂量（50% lethal dose，LD_{50}）、半感染剂量（50% infective dose，ID_{50}）或组织培养物半感染剂量（50% tissue culture infective dose，$TCID_{50}$）。

2.3.4　病毒的复制

病毒的复制一般可分为吸附、侵入与脱壳、生物合成、装配与释放 5 个阶段，不同病毒的复制过程在细节上有所差异，下面以噬菌体为重点来说明（图 2-37）其中的几个阶段。

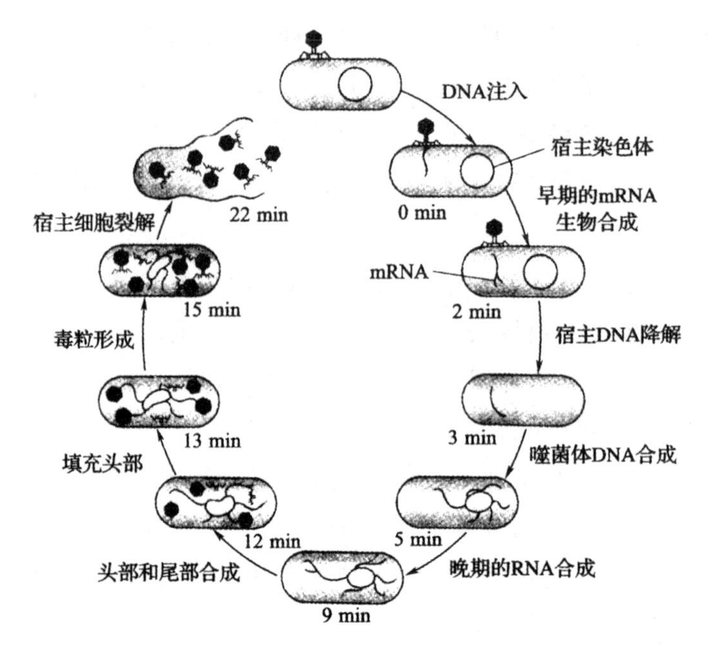

图 2-37　T4 噬菌体的生命周期图

2.3.4.1　生物合成

病毒的生物合成（biosynthesis）包括核酸的复制、转录与蛋白质的合成。

（1）核酸的复制、转录。据病毒核酸类型和复制、转录方式的不同可分为 6 类。

a.（±）DNA 病毒，DNA 可通过半保留复制方式复制出子代 DNA，又可以（－）DNA 为模板转录出 mRNA。

b.（+）DNA 病毒，所有 ssDNA 病毒核酸均为（+）DNA，先通过半保留复制方式合成互补的（±）DNA，再以新合成的（－）DNA 作为模板，在细胞内 RNA 聚合酶的作用下，转录出 mRNA。

c.（±）RNA 病毒，以（－）RNA 作为模板复制出（+）RNA，即 mRNA。再以（±）RNA 的（+）RNA 作为模板复制出（－）RNA。

d.（－）RNA 病毒，以单链 RNA 为（－）RNA，先以（－）RNA 作为模板，转录出（+）RNA（mRNA），再由（+）RNA 翻译出 RNA 复制酶，在 RNA 复制酶的作用下，（－）RNA 合成（+）RNA，再以此为模板复制出子代（－）RNA。

e.（+）RNA 病毒，既可作为 mRNA 翻译成蛋白质，又可作为模板，先复制出（−）RNA，再以（−）RNA 作为模板合成子代（+）RNA。

f. 反转录病毒，也是（+）RNA 病毒，（+）RNA 可直接作为模板翻译出蛋白质。在病毒粒子携带反转录酶的作用下，先由（+）RNA 合成（−）DNA，形成（+）RNA/（−）DNA 中间体，再将（+）RNA 除去，形成单链（−）DNA。

（2）病毒蛋白质的生物合成。病毒合成出 mRNA，就可有 mRNA 翻译出病毒蛋白质。以 T7 噬菌体为例，它合成的蛋白质可分为 3 类：早期蛋白、中期蛋白、晚期蛋白。早期蛋白为病毒侵染细胞后 4 ~ 8 min 合成的蛋白质，主要为转录其自身 mRNA 所需的酶，如 T7 噬菌体 RNA 聚合酶。早期蛋白为 T7 噬菌体利用宿主细胞 RNA 聚合酶转录出 mRNA 进而翻译形成的。中期蛋白为病毒侵染细胞后 6 ~ 15 min 合成的蛋白质，如解开 DNA 双链的蜗牛酶，催化 DNA 片段合成的 DNA 聚合酶，催化 DNA 片段连接的 DNA 连接酶等。DNA 复制完成后到细胞裂解期间所合成的蛋白质称为晚期蛋白，如头部蛋白、尾部蛋白、装配蛋白等。

2.3.4.2　装配

在病毒感染的宿主细胞内，将合成的病毒各部分以一定的方式结合装配为成熟病毒粒子的过程，称为装配。

（1）噬菌体的装配。在装配过程中，每一种结构蛋白在装配时都发生了构型改变，为后一种蛋白质的结合提供了可识别位点，形成一组有序的装配反应。此外，装配需要一些非结构蛋白如脚手架蛋白等的参与，在装配完成后这些蛋白质被除去。

（2）TMV 的装配。TMV 的壳体不是由蛋白质亚基一个个装配而成，而是先聚集成 20S 的双层圆盘（每层 17 个亚基，共 34 个亚基）。随着 pH 的降低，圆盘与 TMV 的 RNA 基因组 3' 端特异性装配起始序列结合，RNA 贯穿螺旋的中心孔，圆盘逐渐变成双圈螺旋状的装配单位。随后装配单位不断加入，螺旋壳体首先向 RNA 的 5' 端生长，5' 端包装完成后，再向 3' 端延伸直至成熟。

2.3.4.3　释放

当子代病毒粒子成熟后，许多病毒借助于自身的降解细胞壁或细胞膜的酶，如噬菌体的溶菌酶和脂肪酶、流感病毒包膜刺突的神经氨酸酶，裂解细胞，释放出大量的病毒粒子。包膜病毒释放比较特殊，包括：包膜病毒在宿主细胞内合成的壳体蛋白和核酸先装配成核衣壳；合成的包膜蛋白通过糖基化修饰后转移到宿主细胞膜上，这些蛋白部分暴露于胞质，与装配好的核衣壳蛋白特异结合，从而靠近核衣壳的膜形成密集的病毒包膜蛋白区；最后，核衣壳在芽出细胞膜的过程中裹上包膜而释放。例如，流感病毒核衣壳迁移到细胞膜上有血凝素和神经氨酸酶的地方，芽出释放。

第 3 章　微生物生理

微生物细胞由水、蛋白质、核酸、多糖、脂质、无机盐、维生素等多种物质组成。通常微生物营养细胞的 70% ~ 90% 是水，其余 10% ~ 30% 是干物质，而细胞干物质的 96% 是蛋白质、核酸、多糖和脂质这四类生物大分子。微生物生理学是微生物学的分支学科之一。它主要研究微生物的形态与发生、结构与功能、生长与繁殖、代谢与调控等的作用机理。

3.1　微生物的营养

微生物必须从周围环境中吸收充足的水分以及构成细胞物质的碳源、氮源以及钙、镁、钾、铁等多种矿物质元素等，才能满足生长繁殖和完成各种生理活动的需要。在科学研究和发酵生产中，依据不同的微生物类型和培养目标，配制不同类型的培养基。例如，在微生物生理、遗传分析等定量要求和重复性要求高的研究工作中，需配制成分明确的合成培养基；可通过加富培养基、选择培养基或鉴别培养基从自然界中定向分离筛选目的微生物；发酵生产中有专门的种子培养基和发酵培养基，且发酵培养基配制还应遵循因地制宜、经济节约的原则。

3.1.1 微生物的营养物质

微生物的营养物质主要分为碳源、氮源、无机盐、生长因子和水五大类，大部分以无机或有机物的形式为微生物所利用，也有一些以分子态气体方式供给。

（1）碳源。

在微生物生长过程中，能为微生物提供碳素来源的物质称为碳源。微生物碳源的来源十分广泛，既可以利用简单的无机物（CO_2、CH_4、碳酸盐），也可以利用复杂的有机含碳化合物（糖类、有机酸、脂类，芳香化合物等）。

（2）氮源。

氮素是构成微生物细胞内蛋白质、酶类、核酸和其他含氮化合物的重要元素。氮源物质不能为微生物菌体的代谢提供能量，不能作为能源。只有化能自养菌中的亚硝化微生物、硝化微生物在将铵盐、亚硝酸盐氧化的过程中获取一定的能量。

（3）无机盐。

无机盐也是微生物生长不可或缺的营养物质，主要包括钠、钾、钙、镁、铁化合物及磷酸盐、硫酸盐等无机盐。此外一些微量元素（如铜、锰、锌、钴、钼等）对微生物的生长也是必要的，需求量为 $10^{-18} \sim 10^{-16}$ mol/L。无机盐有调节细胞质 pH 和氧化还原电位的作用，同时也具有能量转移，控制细胞透性的作用。

（4）生长因子。

生长因子是微生物生长过程中必需的微量特殊有机物，主要包括维生素、氨基酸等。不同类群微生物对生长因子的需要量有着非常明显的差异。生长因子主要用于构成菌体内酶和酶的辅基成分，或者作为细胞的结构成分。特别是维生素，是许多微生物菌体内多种酶的辅基成分。

（5）水。

水是微生物体内、体外的溶媒，营养物质的吸收与代谢产物的分泌都需要水的介导；由于水的比热容较大，可以有效地吸热和散热，起到调节温度的作用。

3.1.2　微生物的营养基

为了研究和利用微生物，需要人工培养。培养基（culture medium）是人工配制、适合微生物生长繁殖或产生代谢产物的营养基质。营养类型不同的微生物采用的培养基不同，如自养菌的培养基不必含有机化合物，异养菌的培养基需要有机化合物作为碳源和能源。

3.1.2.1　培养基类型

培养基种类繁多，可以按不同的分类标准进行类型划分。

（1）根据培养基的物理状态分类。

根据培养基的物理状态，培养基可以分为液体培养基、固体培养基和半固体培养基。

①液体培养基。

液体培养基（liquid medium）指呈液态且不添加任何凝固剂的培养基。液体培养基营养成分分布均匀，有利于微生物的生长和代谢产物的积累。因此，微生物发酵工业大都用液体培养基；实验室的微生物液体培养主要用于获取大量菌体，进行微生物生理和代谢研究。

②固体培养基。

固体培养基（solid medium）是外观呈固体状态的培养基。根据同体的性质还可将同体培养基分为 3 种类型。

a. 凝固性培养基。常称作“固体培养基”，是由液体培养基加入适量的凝固剂后制成的，在一般培养温度下呈固体状态的培养基，这就是一般实验室常说的固体培养基。一般是加入平皿或试管中制成相应的平板或斜面，为微生物的生长提供一个营养平面，单个微生物细胞在其上生长繁殖形成单菌落，有利于微生物的纯种分离、鉴别、菌种保存等。常用的凝固剂有琼脂、明胶和硅胶。制成固体培养基，通常用 1.5% ~ 2.0% 的琼脂或 5.0% ~ 12.0% 的明胶。

常用的凝固剂是琼脂,其主要成分为硫酸半乳聚糖。琼脂没有什么营养价值,所以不被大多数微生物所分解液化。琼脂的溶解温度约96℃,凝固温度约40℃,透明、黏着力强,经过高压灭菌也不被破坏。这些优良特性,使琼脂成为制备固体培养基时常用的凝固剂。多数微生物在琼脂培养基表面能很好地生长,尤其是生长在琼脂平板上的微生物常形成可见的菌落,所以琼脂平板在微生物中应用极广。

理想的凝固剂应具备以下条件:对培养的微生物无毒害;不被培养微生物分解利用;能耐高温、高压,不会因灭菌而被破坏;在微生物培养过程中保持固体状态;凝固点温度不能太低;透明度好,黏着力强;配制方便;价格低廉。琼脂是一种从藻类(海产石花菜)中提取的高度分支的复杂多糖,主要成分为琼脂糖和琼脂胶,绝大多数微生物不能利用琼脂作为碳源。明胶是最早用来做凝固剂的物质,它是由动物的皮、骨等熬制出来的胶原蛋白制备的,但由于其凝固点过低,易被微生物用作为氮源,而且凝固效果不及琼脂,在大多数实验中已被琼脂取代。硅胶是硅酸钾和硅酸钠被硫酸或盐酸中和时形成的胶体,一旦凝固,就不能再融化。硅胶因不含有机物,适合于培养自养微生物。通常在研究土壤微生物、自养微生物或微生物对碳氮的利用时,用硅胶做固体培养基的凝固剂。除了琼脂、明胶和硅胶外,海藻酸胶、多聚醇F127及脱乙酰吉兰糖胶等也可做凝固剂,但琼脂是绝大多数微生物最理想的凝固剂。

b. 非可逆性凝固培养基,指一经凝固就不能再重新融化的固体培养基,如血清培养基或无机硅胶培养基。无机硅胶平板培养基专门用于化能自养微生物的分离和纯化。

c. 天然固体培养基,是直接由天然固体物质,如马铃薯块、麸皮、玉米粉、米糠、木屑、麦粒、大豆等制成的培养基,如生产酒的酒曲,生产食用菌的棉籽壳培养基等。

这些培养基的取材和制备都很方便,所以为生产所常用。在营养基质上覆盖滤纸或微孔滤膜(如硝酸纤维滤膜),或将滤纸条一端插入培养液而另一端露出液面的培养基也具有此性质。这类培养基用于特殊目的,如滤纸条培养基专门用纤维素分解微生物的培养。如在液体培养基中加0.5%的琼脂就制成柔软的糨糊状半固体培养基,它主要用于微好氧微生物的培养或微生物运动能力的确定。

③半固体培养基。

在液体培养中加入少量凝固剂(如0.5%左右的琼脂)配制的硬度较低、柔软的培养基被称为半固体培养基(semi-solid medium)。主要用于观察微生物的运动性,噬菌体效价测定,各种厌氧菌、微好氧菌的培养等。

(2)根据培养基的功能区分。

根据培养基的功能,可以将培养基分为选择性培养基和鉴别性培养基。

①选择性培养基。

选择性培养基可通过在培养基中加入目的微生物特别需要的营养物质以达到选择目的,这种选择性培养基被称为加富培养基。用于加富的营养物质通常是被富集对象需要的碳源和能源,例如富集纤维素分解菌选用的纤维素;富集石油分解菌用的液状石蜡以及富集酵母菌用的高糖液。温度、含氧量、pH以及盐度等理化因素也可用来选择某些特殊类型的微生物,如嗜热和嗜冷微生物、好氧和厌氧微生物、嗜酸和嗜碱微生物以及嗜盐微生物等。

②鉴别性培养基。

鉴别性培养基也有选择的含义,用于鉴别肠道杆菌中某些微生物的伊红美蓝(EMB)培养基就是最好的例子。EMB培养基在饮用水、牛乳的微生物学检查以及遗传学研究上有着重要的用途。

3.1.2.2 培养基设计和制作的原则

微生物生长离不开碳源、氮源、能源、无机盐、生长因子和水6大类营养物质。微生物的种类繁多,营养要求各不相同。同时培养基还应有适宜的pH、一定缓冲能力、一定氧化还原电位和合适的渗透压。

(1)目的明确。

实验室中做一般培养时,常用营养丰富,取材与制备均较方便的天然培养基,进行精细的代谢或遗传等研究时,则必须用合成培养基。在发酵生产中除考虑满足菌种的营养需要外,还须选择来源广的廉价粗料,如采用野生原料,代用品,甚至废物等。一般情况下,在生产含碳量较高的代谢产物时,培养基所用原料碳氮比要高。例如,柠檬酸发酵培养基只用山芋作原料，而生产氨基酸类含氮量高的代谢产物时，要增加氮源比例。例如，谷氨酸发酵培养基中除了含有水解淀粉或大量的糖外，还有尿素和玉米浆。

（2）营养协调。

就占微生物大多数的异养微生物来说，它们所需各种营养要素的比例大体是：水 > 碳源 > 氮源 >P、S>K、Mg> 生长因子。

其中碳源与氨源的比例（即碳氮比）尤为重要。不同微生物要求不同的碳氮比。如微生物和酵母菌培养基中的碳氮比为 5∶1，霉菌培养基中的碳氮比约为 10∶1。如为获得微生物细胞或制备种子培养基，通常用较低的碳氮比；如所要代谢产物中含碳量较高，则碳氮比要高些；如所要代谢产物中含氮量较高，碳氮比要低些。谷氨酸发酵中，种子培养基的碳氮比通常为 100∶（0.5 ～ 2.0），可使菌体大量繁殖；发酵培养基的碳氮比为 100∶（11 ～ 12），可使谷氨酸大量积累。

污水生物处理中好氧微生物群体要求的碳氮磷比为 100∶5∶1，厌氧消化污泥中的厌氧微生物群体要求的碳氮磷比为 100∶6∶1，有机固体废弃物、堆肥发酵要求的碳氮比为 30∶1，碳磷比为（75 ～ 100）∶1。城市生活污水能满足活性污泥的营养要求，不会出现营养不足的问题。但有的工业废水会缺少某种营养物，需要人为供给或补充。

首先，明确目的微生物的营养类型。自养微生物能以 CO_2 或碳酸盐作为主要碳源，故自养微生物的培养基不需要有机物作为碳源。多数异养微生物都是营养缺陷型，有的异养微生物需要多种生长因子，若无特别需要，通常要在培养基内加入酵母膏、牛肉膏、动植物组织浸液等来提供微生物生长所需的多种生长因子和微量元素。培养微生物（固氮菌除外）需要加入无机氮或有机氮。应根据不同微生物利用氮源物质的差异，进行科学选择。许多微生物不能利用硝酸盐，因此铵盐一般适宜做微生物的氮源；大多数真菌既可利用铵盐，也可利用硝酸盐。此外，在选择氮源时还需注意速效氮源和迟效氮源的搭配，以发挥各自优势。

如果配制的培养基是用于微生物的生理、代谢或遗传研究，应考虑用合成培养基；如果是用于一般研究，可尽量按天然培养基的要求来配制；如果是配制发酵工业生产用培养基，既要提供足够的营养又要考虑节约成本。

（3）条件适宜。

不同类群的微生物有其各自生长的pH范围。一般来说，微生物生长的最适pH在7.0～8.0，放线菌在7.5～8.5，酵母菌在3.8～6.0，霉菌在4.0～5.8。一些专性嗜碱菌的生长pH在11甚至12以上，嗜酸菌如氧化硫硫杆菌的生长pH范围为0.9～4.5。因此为保证微生物能良好地生长，繁殖或积累代谢产物必须调节培养基的pH。培养基pH可以加NaOH或HCl来调节。但是由于微生物在代谢过程中会产生使培养基pH改变的代谢产物，因此要在培养基中加入能使pH保持相对稳定的物质。例如，微生物生长时产生有机酸会使培养基pH下降；微生物分解蛋白质与氨基酸时产生的氨会使培养基pH上升。这种由于微生物代谢作用而引起的pH变化不利于微生物的进一步生长，通常可在培养基中加入缓冲液或微溶性碳酸盐来保持pH的相对稳定。

此外，还需根据微生物的不同特性提供相应的培养条件，如培养好氧微生物时必须提供足够的氧气，培养严格厌氧微生物时要把培养基和周围环境中氧气驱除掉。在密闭容器中培养紫硫微生物等厌氧光合微生物时，可在培养基中加入$NaHCO_3$作为CO_2的来源。但在培养好氧微生物的培养基中不能加$NaHCO_3$，因为$NaHCO_3$中的CO_2释放到大气中，留下的Na会使培养基呈强碱性。培养好氧的，特别是产酸的自养微生物，如亚硝化单胞菌属（*Nitrosomonas*）可向培养基中加$CaCO_3$，它不仅能提供CO_2，而且是很好的缓冲剂。

（4）浓度配比合适。

培养基中营养物质浓度合适时才能使微生物生长良好，营养物质浓度过低微生物不能正常生长，如碳源过少会引起菌体的衰老或自溶，氮源过少则菌体生长缓慢。土壤混合微生物群体要求的碳氮比约为25∶1，发酵堆肥的碳氮比约为30∶1。不同微生物要求的碳氮比也不同，一般微生物和酵母菌细胞碳氮比约为5∶1，霉菌细胞约为10∶1，因此，微生物、酵母菌的培养基的碳氮比就应较小，霉菌培养基的碳氮比应较大。此外，培养目的不同，碳氮比也有差异。

对绝大多数微生物来讲，因碳源又是能源，所以在培养基中的碳源量应较大。一般来说,若微生物的代谢产物含碳量高,其培养基的碳氮比就需要维持较高水平;若代谢产物含氮量较高,就需要降低培养基的碳氮比。

同样,使用无机盐也需注意各离子间的比例适当,避免单盐离子产生毒害作用。生长因子的添加也应保证微生物对各生长因子的平衡吸收。

(5)pH 适宜。

微生物 pH 为 7.0 ~ 8.0,放线菌 pH 为 7.5 ~ 8.5。酵母菌和霉菌 pH 常为 4.5 ~ 6.0,藻类 pH 为 6.0 ~ 7.0,原生动物 pH 为 6.0 ~ 8.0。

人们通常在培养基中加入 pH 缓冲剂或碳酸盐来维持培养基 pH 的相对恒定。常用的缓冲剂是一氢磷酸盐和二氢磷酸盐(如 $KHPO_4$ 和 KH_2PO_4)混合物。此外,在培养基中还存在一些天然缓冲系统,如胨、牛肉膏及其分解产物氨基酸都具有缓冲作用,氨基酸为酸碱两性物质,在一定程度上既可以抵御酸又可以抵御碱。

对一些大量产酸的微生物而言,如乳酸菌能积累大量乳酸,上述缓冲系统就难以起缓冲作用。在这种情况下,通常可在培养基中添加适量 $CaCO_3$(常为 1% ~ 5%)进行调节。$CaCO_3$ 难溶于水,将其加入培养基中,并不会提高培养基的 pH,但作为“备用碱”的 $CaCO_3$ 能持续中和微生物产生的酸,从而将培养基 pH 控制在一定范围内。$CaCO_3$ 既不溶于水又具沉淀性,故配制培养基时难以使它分布均匀,为方便起见,有时可用 $NaHCO_3$ 来调节。

上述用缓冲剂或添加碳酸盐来调节培养基 pH 的方法,是通过培养基内在成分起调节作用的,可称为 pH 的内源调节。有时微生物在代谢活动中产生大量的酸或碱,而使用缓冲剂和碳酸盐都无法有效地缓冲调节时,就需要在培养过程中不断添加酸或碱来调节,这可称作 pH 的外源调节。

(6)合适的氧化还原电位。

还原环境具有负电位,氧化环境具有正电位。自然界中氧化还原电位的下限为 −400 mV,环境中无 O_2;上限为 +820 mV,环境中的 O_2 浓度高。

不同微生物生长对氧化还原电位(E_h)的要求不同。E_h 值与氧分压有关,也与 pH 有关,还受某些微生物代谢产物的影响。对于厌氧微生物来说,培养基中的氧必须处于低水平,否则会受氧的毒害,发酵生产上常采用深层静置发酵法创造厌氧条件。在实验室中培养严格厌氧微生物，除应驱除空气中的氧外，还应在培养基中加入适量的抗坏血酸（维生素C）、巯基乙醇、二硫苏糖醇、半胱氨酸、谷胱甘肽、硫化氢、硫化钠或铁粉等还原性物质来降低 E_h 值。

（7）原料易得。

以废代好、以纤代糖、以简代繁、以国产代进口等已在某些微生物发酵产品中得到应用。例如，甲烷发酵，工业上主要利用废水、废渣作为原料，而我国农村已推广利用人畜粪便及秸秆为原料发酵生产甲烷作为燃料；在微生物单细胞蛋白生产中，常常利用糖蜜、乳清、豆制品工业废液及黑废液等作为培养基的原料；用石油代替粮食发酵生产柠檬酸；用豆腐水发酵生产核黄素等。

（8）消泡和灭菌。

由于培养基中的各营养成分不是无菌原料，同时在配制过程中还会带来一定的污染，因此配制好的培养基必须马上进行灭菌，使其达到无菌状态。只有无菌培养基才能使用或保存，否则培养基中会有杂菌滋生。培养基中的泡沫对灭菌效果有一定的影响，因为泡沫中的空气隔热层使泡沫中的微生物难以被杀死。

3.2　微生物的生长

微生物的生长，简言之是指微生物获得营养后，通过代谢活动而使其自身生长和繁殖，体现为细胞质量或数量的增加。生物个体的生长、繁殖与分化是一个由生物体遗传性控制的从量变到质变的过程，也是生物个体受到环境作用的变化过程，该过程就是个体发育，这在生物界普遍存在。

3.2.1　微生物的个体生长

微生物细胞的个体生长大体上可分为三个阶段，即生长准备，细胞壁与细胞膜的生长，微生物生长与分裂的调节。

（1）生长准备阶段，主要是完成包括DNA、蛋白质、糖类及脂类等大分子物质，以及由它们所组成的各种细胞器和细胞结构等的复制。

（2）细胞壁与细胞膜的生长，是微生物细胞分裂和将各种复制组分一分为二的过程。

（3）微生物的生长与分裂是两个有紧密联系、受到调节的发育过程。有研究表明，某些特殊的膜蛋白质[如外膜蛋白G，DNA复制中的分裂活性蛋白（DP）与复制终止蛋白（TP）]及酶（如DD-转肽酶与DD-羧肽酶）对微生物生长与分裂可能起调节作用。对某些可产芽孢的杆菌生长与分化调节研究表明，芽孢的形成是由环境因子的特定变化刺激产生的特殊信息控制机制启动200余个基因参与的、持续几个小时的复杂生长阶段，这些阶段包括：①以DNA浓缩和与蛋白质一起压缩的轴丝形成阶段；②横隔膜形成阶段；前孢子形成阶段；③皮层形成阶段；④外壳形成阶段；⑤芽孢成熟阶段（具备抗逆性）；⑥芽孢释放阶段。

3.2.2 微生物的群体生长

3.2.2.1 微生物（群体）生长曲线各生长阶段的特征

将少量微生物菌种或菌株无菌接入恒定体积的新鲜液体培养基，在适宜的条件下培养，定时取样测定单位体积培养基中的菌体或细胞数，然后以培养时间为横坐标，以测定获得的细胞数的对数为纵坐标，可绘制出一条定量描述液体培养基中微生物生长规律的曲线，该曲线称为微生物（群体）生长曲线。虽然单细胞微生物在生长与繁殖概念内涵上有质的差别，但二者结果都可以用细胞数目增加来表述。

不同种类的微生物，尽管它们的繁殖速率不同，但其典型的生长曲线均可大致划分为：延滞期、对数期、稳定期和衰亡期共四个生长阶段。

（1）延滞期（lag phase）。

延滞期微生物细胞的生长表现为：分裂迟缓、代谢活跃。细胞体积增长较快，尤其是沿长轴方向；细胞中RNA含量增高，原生质嗜碱性加强；对不良环境条件较敏感；对氧的吸收、二氧化碳的释放以及脱氨作用也很强；易产生各种诱导酶等。在此阶段后期，少数细胞开始分裂，使曲线略向上升。

（2）对数期（log phase）。

微生物细胞一旦对新的培养条件适应之后，即进入生长速率相对恒定的快速生长繁殖期，具体而言，细胞数目将按照 2^n 方式增长，一个微生物细胞繁殖 n 代可产生 2^n 个子代细胞。在此阶段，微生物数目的增加和全部细胞原生质总量的增加，与菌液混浊度的增加均呈正相关性。处于对数期的各微生物个体在形态、化学组成和生理特性等方面均较一致，通常作为研究基本代谢的良好材料或发酵生产的良好种子（可大幅度缩短转接后的延滞期）。

（3）稳定期（stationary phase）。

稳定期又称恒定期或最高生长期，这一时期的生长特点是：生长速率接近为零，新增殖的细胞数与老细胞的死亡数几乎相等。生长处于稳定期的微生物细胞开始积累贮藏物（如肝糖、异染颗粒、脂肪粒等），一些重要的次生代谢产物（如抗生素）也大量形成。发酵工业过程中的生产调控就是根据生长稳定期微生物的生长特点而采取补料、调节 pH、调整温度等措施，以延长稳定期，获得更多数量的微生物或微生物的发酵物。

（4）衰亡期（decline phase）。

达到稳定期生长阶段的微生物群体，随着培养时间的延长，培养环境的恶化和营养物供应短缺使细胞的死亡率逐渐上升，当细胞死亡总数超过细胞分裂的新增总数时，微生物群体生长速率呈负数，生长进入衰亡期。该阶段细胞自溶或释放某些产物；细胞大小悬殊，形态多样化，甚至畸形；有的细胞内呈液泡化，有的还发生染色结果变化。衰亡期的某一段时间，活菌数按几何级数下降，有人称之为“指数死亡阶段”。

总之，微生物的生长曲线可以描述微生物在一定环境中的生长、繁殖和死亡规律，既可用来研究微生物的生长状态，又可作为工业发酵中控制微生物生产的理论依据。

3.2.2.2　微生物群体生长的主要参数

对微生物群体生长的描述常用到繁殖代数、代时、生长速率常数及生产得率等参数。

①繁殖代数（n）是指在设定的观测时间内，微生物细胞分裂的平均世代数。

②生长速率常数（R）是指每小时微生物细胞分裂的平均次数。

③代时（G）是指微生物细胞两次分裂之间的间隔时间，即世代时间（generation time 或 G）。

显然，从上述各参数的含义来说，代时、生长速率常数都可表述微生物生长繁殖的生长速率，但通常是用代时对细胞群体生长速率进行比较。不同种类微生物细胞分裂的代时，最短的仅约 10 min，通常为 20 ～ 30 min，长的则可达 33 h。

微生物生长的繁殖代数（n）、生长速率（R）与代时（G）一般通过观测对数期微生物生长状况后按照一定公式进行计算获得。

设定在观测时间 t 小时内的初始时（t_i）与终末时（t_e）的微生物菌体数目分别为 x_i 与 x_e，在观测的（t_e-t_i）小时内细胞共分裂繁殖 n 世代，则有 $x_e=2^n x_i$，将该式以对数表示则为 $\lg x_e=n\lg 2+\lg x_i$，故有：

$$n=(\lg x_e-\lg x_i)/\lg 2=3.322(\lg x_e-\lg x_i)$$

按照生长速率常数（R）定义，则有：

$$R=n/(t_e-t_i)=3.322(\lg x_e-\lg x_i)+(t_e-t_i)$$

因此，每小时内细胞分裂的平均代时（G）：

$$G=1/R-(t_e-t_i)/3.322(\lg x_e-\lg x_i)$$

在稳定期时，微生物菌体产量与其生长所需要营养物质消耗之间存在一定比例关系，这一关系以生产得率或生长常量常数 Y 表示。

Y 值可以用公式来计算：

$$Y=(m-m_0)/(c_0-c)$$

式中，m_0 表示刚接种时的细胞干重（g 培养液）；m 则为稳定期测定的细胞干重平均值；c_0 为限制性营养物的最初质量浓度（g/mL）；c 为稳定期限制性营养物浓度。要保持微生物生长处于稳定期，在其他生长必需条件满足的同时，限制性营养物就成为唯一影响生产的因子。所以，在稳定期的 c 值应为零（保持 c_0 恒定），故稳定期的生产得率是

$$Y=(m-m_0)+c_0$$

生产得率的表述除上面的基质（营养物）消耗得率外，还可以用分子得率系数、碳转化效率、热产生得率、氧消耗得率、ATP 消耗得率等方式来表述。

3.2.3　环境因子对微生物生长的影响

3.2.3.1　温度的影响

（1）低温型微生物。

低温型微生物也称嗜冷微生物（psychrophile），可分为专性嗜冷和兼性嗜冷两类。在自然界，它们常分布在地球极地的寒冷水域和冰冻土壤中。低温能抑制微生物的生长。0℃以下的低温，使微生物细胞内的水分被冻结，产生冰晶，可造成细胞脱水、细胞内容物黏度增加、细胞中溶解 O_2 减少、改变细胞内 pH、直接导致某些蛋白质变性等，细胞的代谢也因此而无法进行，冰晶的快速形成甚至还可导致细胞膜的损伤。

（2）中温型微生物。

中温型微生物也称为嗜温微生物（mesophile），绝大多数微生物属于中温型微生物，它们的最适生长温度在 20 ～ 40℃，最低生长温度在 10 ～ 20℃，最高生长温度在 40 ～ 50℃，常见的一些病原菌就属于中温型微生物。中温型微生物在低温（低于 10℃）下生长不良，在 0℃下生长停止，但并非致死。这与繁殖有关的某些关键蛋白质在低温下不能启动合成，以及与这些蛋白质合成相关的酶的反馈抑制也对低温敏感有关。

（3）高温型微生物。

高温型微生物也称嗜热微生物（thermophile），它们可在 55 ～ 85℃生长良好。高温型微生物在自然界中的分布仅局限于某些特殊生境（如温泉、日照充足的土壤、堆肥、发酵饲料等）中。就整个微生物界来说，原核微生物通常能在比真核微生物生长温度更高的环境中生长。

3.2.3.2 水的影响

一切生物机体中的生化反应(如糖酵解、蛋白质生物合成、物质吸收的化学渗透生理等)都需要在水环境中进行,水还是机体某些生化反应的成分。水分子是唯一可以自由穿越微生物细胞膜的小分子物质,微生物的生长发育离不开可被微生物利用的水。可被微生物利用的水并不单纯决定于环境中水的含量多寡,还与细胞生长发育所处环境的吸附或溶液因子有复杂关系。

水活度 A_w 可以表示吸附溶液和溶液因子对水的可利用性强弱度。A_w 值被定义为密闭空间中溶液或固态物质产生的水蒸气与同等条件下纯水产生的饱和蒸汽压之比值。纯水 A_w 为 1.00,溶液中溶质越多,A_w 越小。

(1)环境溶液的渗透作用对微生物生长的影响。

溶液都有渗透压(osmotic pressure),处在溶液环境中的微生物,其生长自然会受到溶液渗透压的影响。水虽可以自由穿越细胞膜,但同时也受到活细胞膜对细胞内外渗透压在一定范围内的平衡调节。当细胞被置于比其渗透压低的溶液中,外环境溶液中的水分子向细胞内渗透,最终可能是以细胞膨胀方式而达到细胞内外渗透压平衡,也可能是细胞被胀裂死亡;当细胞处于高渗溶液中,则细胞内水分向外渗透,外渗轻时可观察到细胞原生质团脱水收缩而发生“质壁分离”现象,外渗严重时则造成细胞严重失水而使细胞代谢活动呈抑制或使细胞死亡。一些特殊环境中生长着某些特殊耐高渗的微生物,如深海底层存在嗜压微生物(barophile),它们可在极强的水压下生活;嗜盐微生物或嗜盐菌(halophile)能在高浓度的含盐溶液环境中生长。

(2)环境空气的相对湿度对微生物生长的影响。

许多微生物能在空气湿度非常小的干旱环境中存活,但不能进行生长繁殖。空气湿度对放线菌和霉菌等的生长影响较明显,主要是这类微生物生长时有气生菌丝生长,繁殖时产各种孢子。干燥处理可用来保存食品等物品防止霉烂,通过干燥可将固态基质的 A_w 值降低到 0.60 以下,绝大多数种类的微生物则由于干燥失水而停止代谢或处于休眠状态。

3.2.3.3　pH 与微生物的生长

微生物生长的 pH 是指微生物生长环境溶液的氢离子浓度或酸碱度水平。各类微生物生长的 pH 范围差异很大，大多数微生物生长的 pH 范围跨度在 3 ~ 4 个 pH 单位，真菌生长的 pH 范围跨度普遍比微生物的广，但真菌普遍喜欢生长于偏酸性环境。

（1）微生物生长的 pH 范围。

①嗜酸性微生物（最适生长 pH 为 0 ~ 5.0）可分为耐酸性的（如乳酸杆菌、醋酸杆菌、假单胞菌和许多肠杆菌等）和嗜酸性的（如硫杆菌属 *Thiobacillus*）。多数真菌是嗜酸性的。

②嗜中性微生物（最适生长 pH 为 5.0 ~ 8.5）虽然也有嗜酸性的和嗜碱性的，但大多数微生物属于本类群。

③嗜碱性微生物（最适生长 pH 为 7.0 ~ 11.0）中有的种类属于嗜碱性（如硝化微生物、尿素分解菌、根瘤菌和放线菌等）；有的种类属于耐碱性微生物（如链霉菌的某些种类），它们不一定需要碱性环境才能生长。多数放线菌是嗜碱的。

（2）pH 与微生物生长的相互作用。

① pH 引起细胞膜两侧电荷的变化，从而影响微生物对营养物质的吸收。细胞内各种生化代谢反应都是由酶催化的，只有在酶的最适 pH 时，细胞内的生化反应与代谢速率才能达到最佳。pH 改变可导致微生物形态改变。青霉菌在连续培养中，当培养基的 pH 高于 6.0 时，菌丝变短；当环境 pH 高于 6.7 时，菌丝不再呈分散状态，而是呈球状。

②由于细胞中的 DNA、ATP 对酸性 pH 很敏感，RNA、磷脂类对碱性很敏感，细胞内的绝大多数酶促反应都要求近中性 pH。中性或近中性的细胞内环境是微生物生长繁殖的重要条件。微生物的生长繁殖能适度调节其所处环境 pH，许多微生物能分解糖产酸，可使环境 pH 下降；具有脲酶的微生物能分解尿素而产氮，可使环境 pH 上升。

3.2.3.4　氧及氧化还原电位与微生物生长

氧化还原电位和溶解氧（dissolved oxygen，DO）对微生物的生长有明显的影响，根据这种影响程度差异可将微生物分成不同氧化还原电位和溶氧水平下的几个组群，即需氧微生物、厌氧微生物和微嗜氧微生物三个类群。在生物工程中一般以“临界氧值”作为调控不同微生物生长的技术指标，以空气氧饱和度表示的各种微生物临界氧值范围是：微生物和酵母为 3% ~ 10%、放线菌为 5% ~ 30%、霉菌为 10% ~ 15%，当溶解氧（DO）低于临界氧值时，微生物的比生长速率下降。

（1）需氧微生物或好氧菌（aerobic bacteria）。

该类群微生物生长时的氧化还原电位值通常要求在 +0.1 V 以上，一般以 +0.3 ~ +0.4 V 时较为合适。需氧微生物类群包括多种微生物、大多数真菌、藻类和原生生物，在自然界的微生物中占主要比例。

（2）厌氧微生物或厌氧菌（anaerobic bacteria）。

这一类群微生物通常缺乏将电子传递给分子氧的终端细胞色素，只能生长在低于 +0.1 V 的环境。严格厌氧微生物的细胞中可能因为没有过氧化物歧化酶（peoxide dismutase），导致有氧下产生的氧自由基不能被消除，进而产生生长抑制或致死危害。

（3）微嗜氧微生物或微好氧菌（microaerophilic bacteria）。

该类群微生物可以在极低浓度氧分压或溶解氧环境中生长，属于这一类群的许多种类是嗜二氧化碳菌，乳酸微生物的一些种就属于微嗜氧微生物。

微生物生长培养基中的氧化还原物质，以及微生物生长过程也可能改变环境中的氧化还原电位值；微生物生长时氧的呼吸消耗和一些还原性物质（如抗坏血酸、HS，以及半胱氨酸、谷胱甘肽、二硫苏糖醇等有机硫化合物）积累，常导致培养环境 pH 改变，也使氧化还原电位值降低。

3.3 微生物的代谢与遗传变异

微生物的代谢（microbial metabolism）是指微生物细胞内发生的各

种生物化学反应的总称。微生物细胞通过这些反应，利用各种基质获得能量和合成细胞物质的前体代谢物，以满足细胞生长、繁殖和产物合成的需求。微生物的代谢可分为初级代谢（primary metabolism）和次级代谢（secondary metabolism）两级。初级代谢是细胞生长和维持生存所必需的基础代谢。次级代谢是某些微生物在一定的生长阶段（一般发生在细胞生长中止以后），合成一些对产生菌无明确生理功能的代谢产物（次级代谢产物）的过程。微生物的初级代谢可以分为分解代谢（catabolism）和合成代谢（anabolism）两类。分解代谢是指细胞通过不同酶系的作用将复杂大分子物质（蛋白质、多糖以及脂类等）降解成简单小分子物质（氨基酸、单糖及脂肪酸等），进而将这些小分子物质进一步降解成更简单的代谢物或完全降解成二氧化碳和水的过程。这一过程产生能量（储存在 ATP 中）、以辅助因子 NADPH 的形式为主的还原力以及生物合成结构单元所需的前体代谢物。合成代谢是指通过合成酶系的作用，利用简单小分子物质合成复杂大分子物质的过程。这个过程需要消耗能量、还原力以及前体代谢物。一方面，在分解代谢中有机物被降解，最终转变成 CO_2 和水，提供能量、还原力和小分子前体代谢物；另一方面，分解代谢提供的能量和前体代谢物又用于各种细胞活动，包括物质合成、细胞生长和维持。因此，分解代谢和合成代谢之间存在着千丝万缕的联系。它们相互交织，形成了微生物生存所必需的一张初级代谢网络。在这张代谢网络中，共用中间代谢物形成了不同途径之间的分支点，前体代谢物形成了分解代谢与合成代谢的交汇点，各类酶系催化着网络中生化反应的进行，能量 ATP 和辅助因子 NADPH、NADH 等使各个途径之间的联系更加密不可分。所以，要了解微生物的代谢体系，要在了解每个代谢途径的基础上，再充分研究整个代谢网络及其代谢调控方式，这样才能对微生物的代谢体系进行分析、设计、构建与优化。

遗传（genetics）和变异（variation）是生物体最本质的属性之一。遗传是生物亲代与子代之间、子代个体之间相似的现象。但在遗传学上，遗传是指遗传物质从上代传给后代的现象。遗传具有极其稳定的特性，如大肠杆菌为杆菌，在异常情况下呈短杆状、近似球形或呈丝状，要求 pH 为 7.2，温度为 37℃，发酵糖（如葡萄糖、乳糖），产酸、产气。亲代大肠杆菌将上述这些属性传给后代,即为大肠杆菌的遗传。

遗传具有保守性,是微生物在它的系统发育过程中形成的,系统发育越久的微生物越具遗传保守性。遗传保守性可使实验室及生产中选育出来的优良菌种各属性稳定地一代一代传下去。同时遗传保守性也可能会影响微生物对外界环境条件变化的适应性,而导致微生物死亡。

3.3.1 微生物的代谢体系

3.3.1.1 糖酵解

对于大多数异养微生物来说,己糖(尤其是葡萄糖)是极其重要的碳源和能源物质。葡萄糖可以直接进入糖代谢途径,进而被分解成为各种中间代谢物。葡萄糖分解代谢首先从糖酵解开始,即由葡萄糖转化成丙酮酸的过程。糖酵解可以由四种途径来完成,分别是EMP途径、PP途径、ED途径和磷酸解酮酶途径。

(1)EMP途径。

在不需要氧的条件下,EMP途径(Embden–Meyerhof–Parnas pathway)能将1分子葡萄糖转化成2分子丙酮酸,其总反应式为

葡萄糖+2Pi+2NAD$^+$+2ADP→2丙酮酸+2(NADH$^+$H$^+$)+2ATP(3–1)

EMP途径可依据是否发生氧化还原反应分为两个阶段。

第一阶段,在真核细胞中,1分子葡萄糖经己糖激酶(HK)催化,消耗1分子ATP生成1分子6–磷酸–葡萄糖,己糖激酶的催化作用受到其产物6–磷酸–葡萄糖的抑制。而在微生物中,主要通过磷酸转移酶系统(PTS)将葡萄糖运输进胞内(基团转位),转运1分子葡萄糖,需要把1分子磷酸烯醇式丙酮酸上的磷酸基团转移给葡萄糖,生成1分子6–磷酸–葡萄糖,并产生1分子丙酮酸。6–磷酸–葡萄糖是一个重要的代谢网络分支点,它可以异构化形成6–磷酸–果糖,也可以由变位酶催化生成1–磷酸–葡萄糖。这三种化合物形成了进入糖酵解途径的入口,6–磷酸–葡萄糖可以进入PP途径或ED途径,6–磷酸–果糖可以继续EMP途径,也可以进入HK途径,而1–磷酸–葡萄糖则用于多糖物质的合成。需要注意的是,这三种单磷酸己糖之间的转化是可逆的,并且它们的量保持一

种平衡并构成一个独立的代谢库，它们的消耗可以由任意一种得到补充。例如，由果糖作为底物进入糖酵解途径，则由 6–磷酸–果糖补充这个代谢库。

在 EMP 途径中，1 分子 6–磷酸–果糖消耗 1 分子 ATP 转化为 1 分子 1，6–二磷酸–果糖，催化此步骤的磷酸果糖激酶 1（PFK–1），是 EMP 途径的限速酶。随后 1 分子 1，6–二磷酸–果糖裂解为 1 分子 3–磷酸–甘油醛和 1 分子磷酸二羟丙酮，这两种 3–磷酸丙糖之间可以通过磷酸丙糖异构酶（TPI）互相转化。至此，EMP 途径的第一阶段结束。在此阶段不发生氧化还原反应，不涉及电子的转移。

第二阶段，1 分子 3–磷酸–甘油醛转化为 1 分子 1，3–二磷酸甘油酸。这一氧化还原反应与 NAD^+ 还原耦合，形成 1 分子 NADH。随后 1 分子 1，3–二磷酸甘油酸转移高能磷酸键形成 1 分子 ATP 和 1 分子 3–磷酸甘油酸。3–磷酸甘油酸在变位酶催化下生成 2–磷酸甘油酸。随后 1 分子 2–磷酸甘油酸脱水生成 1 分子磷酸烯醇式丙酮酸。1 分子磷酸烯醇式丙酮酸在丙酮酸激酶（PK）催化下生成 1 分子丙酮酸和 1 分子 ATP，产物丙酮酸和 ATP 对丙酮酸激酶的变构抑制控制这一步骤的反应速率。途径中 NADH 生成后不能积累，需通过电子传递链氧化为 NAD^+，或将分子中的 H^+ 交给中间代谢产物，为微生物提供还原力而再生。丙酮酸在有氧条件下进入 TCA 循环继续分解，而在无氧条件下不同的微生物可以进一步将丙酮酸代谢生成各种发酵产物，如甲酸、乙醇、乙酸、乳酸、丙酸、丙酮、丁酸、丁醇及琥珀酸等。

除此之外，EMP 途径还为合成代谢提供多种前体代谢物。其中 6–磷酸–葡萄糖是合成多糖、细胞壁（肽聚糖）等的前体代谢物；磷酸二羟丙酮是合成甘油和细胞脂质的前体代谢物；3–磷酸甘油酸是合成丝氨酸、甘氨酸及半胱氨酸的前体代谢物；磷酸烯醇式丙酮酸是合成酪氨酸、苯丙氨酸、色氨酸的前体代谢物；丙酮酸是合成缬氨酸、亮氨酸、丙氨酸的前体代谢物，同时也是非糖物质通过糖异生作用合成葡萄糖的中间代谢物。

（2）PP 途径。

磷酸戊糖途径（Pentose Phosphate Pathway，PP 途径）又称己糖单磷

酸途径（Hexose Monophosphate Pathway，HMP 途径）。此途径的核心反应是已糖单磷酸形成戊糖单磷酸，为细胞合成核酸提供所需的戊糖，也因此得名。其代谢途径也可分为两个阶段。

第一阶段为氧化阶段。1 分子 6– 磷酸 – 葡萄糖以 1 分子 $NADP^+$ 作为电子受体脱氢形成 1 分子 6– 磷酸葡萄糖酸 – δ – 内酯，继而 6– 磷酸葡糖酸 – δ – 内酯水解成 6– 磷酸葡萄糖酸，然后 1 分子 6– 磷酸葡萄糖酸以 1 分子 $NADP^+$ 作为电子受体脱氢脱羧生成 1 分子 5– 磷酸 – 核酮糖，5– 磷酸 – 核酮糖可经异构酶催化生成 5– 磷酸 – 核糖。磷酸戊糖是合成组氨酸、核糖核苷酸和脱氧核糖核苷酸的前体代谢物，因此一般认为 PP 途径具有重要的回补途径（replenishment pathway）功能，利用已糖合成戊糖，以确保足够的戊糖用于合成途径。

第二阶段为非氧化阶段。5– 磷酸 – 核酮糖经过一系列转醛酶和转酮酶催化生成磷酸化的丙糖、丁糖和庚糖等中间代谢物，最后转化成 3– 磷酸 – 甘油醛和 6– 磷酸 – 果糖，从而再回到 EMP 途径。这一阶段为细胞内丙糖、丁糖、戊糖、已糖和庚糖这些单糖的相互转变提供途径。

PP 途径的总反应式为

$$6\text{–磷酸–葡萄糖} + 12NADP^+ + 7H_2O \rightarrow 6CO_2 + 12\,(NADPH^+H^+) + Pi \quad (3\text{–}2)$$

完全氧化 1 分子 6– 磷酸 – 葡萄糖能产生 12 分子 NADPH，因此 PP 途径是细胞产生还原力的主要途径。但这个过程并不释放能量，而且此途径并不直接产生丙酮酸，因此微生物必须至少拥有部分 EMP 途径的酶系统，使 3– 磷酸 – 甘油醛和 6– 磷酸 – 果糖可进入 EMP 途径转变为丙酮酸。在同时具有 EMP 途径和 PP 途径的微生物中，6– 磷酸 – 葡萄糖分支点的代谢流分配比，即有多少比例分别参与 EMP 途径和 PP 途径的反应，取决于细胞的生长状态，或者说细胞自身对前体代谢物的需求决定了此分支点的代谢流分配比。当细胞处于旺盛生长期，需要的戊糖和 NADPH 较多时，进入 PP 途径的流量较高；而在缓慢生长期，戊糖和 NADPH 需求量降低，此时进入 PP 途径的流量也会相应降低。

（3）ED 途径。

ED 途径（Entner–Doudoroff pathway）是在研究嗜糖假单胞菌（*Pseudomonas saccharophila*）的代谢时被 Entner 和 Doudoroff 发现的，

是某些缺乏完整 EMP 途径的微生物独有的一种替代途径，可以不依赖 EMP 途径和 PP 途径单独存在。在 ED 途径，葡萄糖磷酸化为 6– 磷酸 – 葡萄糖，然后 6– 磷酸 – 葡萄糖氧化成 6– 磷酸葡萄糖酸，之后 6– 磷酸葡萄糖酸脱水生成 2– 酮 –3– 脱氧 –6– 磷酸葡糖酸（KDPG），最后 KDPG 在 KDPG 醛缩酶催化下裂解生成两个丙糖，KDPG 的酮基部分变成丙酮酸，磷酸根部分变成 3– 磷酸 – 甘油醛。如果存在 EMP 途径的部分酶系，则后者可以进入 EMP 途径最终转变成丙酮酸。因此，ED 途径中葡萄糖只需经过 4 步反应就可以获得丙酮酸，但其产能效率只有 EMP 途径的一半。此外，当细胞代谢葡萄糖酸时，ED 途径还有一个非磷酸化途径，葡萄糖酸经过 2– 酮 –3– 脱氧 –6– 磷酸葡糖酸转化成丙酮酸和甘油醛。

（4）磷酸解酮酶途径。

磷酸解酮酶途径由 Warburg 和 Dickens 等发现，故也称 WD 途径。它仅存在于少数种类的微生物中，如异型乳酸发酵微生物。它是进行异型乳酸发酵过程中分解戊糖和己糖的途径，分别称为磷酸戊糖解酮途径（PK 途径）和磷酸己糖解酮途径（HK 途径）。HK 途径的关键酶是磷酸己糖解酮酶，它催化果糖 –6– 磷酸裂解产生乙酰磷酸和赤藓糖 –4– 磷酸，后者经过 PP 途径的一系列转醛和转酮酶催化生成木酮糖 –5– 磷酸，然后在磷酸戊糖解酮酶催化下裂解为甘油醛 –3– 磷酸和乙酰磷酸。PK 途径的关键酶是磷酸戊糖解酮酶，细胞内的五碳糖先异构化为木酮糖 –5– 磷酸，之后被磷酸戊糖解酮酶催化裂解为甘油醛 –3– 磷酸和乙酰磷酸。前者可经 EMP 途径转化成丙酮酸，进一步可转化为乳酸；后者可将高能磷酸键传给 ADP 转化为乙酸，或者经两次还原生成乙醇。

3.3.1.2　TCA 循环

三羧酸循环（Triearboxylic Acid Cycle，TCA 循环）又称柠檬酸循环（krebs cycle）。在有氧条件下丙酮酸脱羧生成乙酰辅酶 A，进入 TCA 循环，通过电子传递链将电子传递给氧，最终被彻底氧化为 CO_2 和水，释放大量能量。在原核细胞中，TCA 循环存在于细胞质中，而在真核细胞，该途径存在于线粒体内。在 TCA 循环中，首先丙酮酸氧化脱羧生成乙酰辅酶 A、辅酶 NAD^+ 作为电子受体。这个反应由丙酮酸脱氢酶系（PDH）催化，在 ATP/ADP 比或 $NADH/NAD^+$ 比及乙酰辅酶 A 浓度较高时，其活性受到抑制。乙酰辅酶 A 接下来与草酰乙酸在柠檬酸合成酶（CS）的催化下缩合生成柠檬酸。柠檬酸在顺乌头酸酶（ACO）的作用下生成异柠檬酸，此反应的中间代谢物顺乌头酸在细胞代谢中没有明显作用，因此在代谢网络中被忽略。柠檬酸和异柠檬酸之间非常容易互相转化，它们通常被归于一个代谢库中。接下来进行两步氧化脱羧反应，异柠檬酸在异柠檬酸脱氢酶（IDH）作用下生成 α- 酮戊二酸，α- 酮戊二酸经 α- 酮戊二酸脱氢酶（KGDH）催化生成琥珀酰辅酶 A。随后，琥珀酰辅酶 A 水解为琥珀酸，同时释放能量，由 GDP 磷酸化生成 CTP 回收。接着琥珀酸脱氢生成延胡索酸，辅酶 FAD 作为电子受体被还原成 $FADH_2$。延胡索酸在延胡索酸酶（FUM）催化下生成苹果酸。最后，苹果酸在苹果酸脱氢酶（MDH）的作用下生成草酰乙酸。TCA 循环的主要作用是为细胞提供能量以及重要的前体代谢物。α- 酮戊二酸和草酰乙酸对合成代谢极其重要，尤其是对氨基酸的生物合成更显重要。α- 酮戊二酸是合成谷氨酸的前体代谢物，草酰乙酸是合成天冬氨酸的前体代谢物，这两种氨基酸又是合成其他氨基酸的重要前体氨基酸。当草酰乙酸和 α- 酮戊二酸被用于合成代谢消耗后，可确保 TCA 循环的正常运转，细胞会及时通过别的途径进行补偿。能完成前体代谢物补偿的生物化学反应统称回补途径。例如，PEP 和丙酮酸可以分别在 PEP 羧化酶（PEPC）和丙酮酸羧化酶（PC）催化下生成草酰乙酸；苹果酸可以在苹果酸酶的催化下生成丙酮酸；好氧微生物也可以通过乙醛酸途径进行回补，再生成草酰乙酸。在乙醛酸途径（glyoxylate pathway）中，异柠檬酸首先裂解为琥珀酸和乙醛酸，乙醛酸可以与乙酰辅酶 A 结合生产苹果酸，进而转化成草酰乙酸。此外 TCA 循环中，琥珀酸可用于卟啉的合成，乙酰辅酶 A 也是合成脂肪酸、脂质、聚 β- 羟基丁酸（PHB）、聚多酮、甲羟戊酸、类胡萝卜素及甾族化合物的重要前体代谢物。

3.3.1.3 微生物的发酵途径

葡萄糖经过 EMP 等分解途径生成丙酮酸后，在无氧条件下，一些微生物可以进行发酵（fermentation）作用，将丙酮酸转化为各种发酵产物。

在糖酵解过程产生的 NADH 为发酵过程提供还原力，使某种中间产物还原生成发酵产物，如丙酮酸还原生成乳酸。由于整个过程并未使葡萄糖完全氧化，因此释放的能量有限。

（1）酵母菌的发酵途径。

酵母菌的发酵途径主要有三种。酵母菌的典型发酵途径是乙醇发酵（ethanol fermentation）途径。在无氧条件下，由 EMP 途径降解得到的丙酮酸脱发生成乙醛和 CO_2，乙醛接受氢被还原成乙醇，并使 NAD^+ 再生。

（2）乳酸菌的发酵途径。

乳酸菌（lactic acid bacteria）能够发酵葡萄糖产生乳酸。乳酸菌的发酵途径主要有两条：同型乳酸发酵（homolactic fermentation）和异型乳酸发酵（heterolactic fermentation）。同型乳酸发酵的发酵产物中只有乳酸，经 EMP 途径降解的丙酮酸在乳酸脱氢酶的催化下被还原为乳酸，并使 NAD^+ 再生。进行同型乳酸发酵的微生物主要有链球菌属（*Streptococcus*）、乳酸杆菌属（*Lactobacillus*）及双球菌属（*Diplococcus*）等。异型乳酸发酵的发酵产物除了乳酸外，还有乙醇或乙酸及 CO_2 等产物，主要通过磷酸解酮酶途径进行。

发酵己糖时，由 6– 磷酸葡萄糖酸生成 5– 磷酸 – 核酮糖，5– 磷酸 – 核酮糖再异构成 5– 磷酸 – 木酮糖，5– 磷酸 – 木酮糖被磷酸戊糖解酮酶催化裂解为 3– 磷酸 – 甘油醛和乙酰磷酸。发酵戊糖时，则经过 PK 途径，戊糖异构化为 5– 磷酸 – 木酮糖，之后被磷酸戊糖解酮酶催化裂解为甘油醛 –3– 磷酸和乙酰磷酸。前者可经 EMP 途径生成丙酮酸，丙酮酸再生成乳酸；后者则可经两次还原生成乙醇，或将高能磷酸键传给 ADP 生成乙酸。肠膜明串球菌（*Leuconostoc mesenteulides*）等微生物发酵 1 分子葡萄糖，产生 1 分子乳酸和 1 分子乙醇，净得 1 分子 ATP。短乳杆菌（*Lactobacillus brevis*）等微生物发酵 1 分子葡萄糖，产生 1 分子乳酸和 1 分子乙酸，净得 2 分子 ATP。两歧双歧杆菌（*Bifidobacterium bifidus*）等微生物进行异型乳酸发酵时，有磷酸戊糖解酮酶和磷酸己糖解酮酶两种磷酸解酮酶参与反应，发酵 2 分子葡萄糖时，可产生 2 分子乳酸和 3 分子乙酸，净得 5 分子 ATP。

（3）大肠杆菌的发酵途径。

以大肠杆菌（*Escherichia coli*）为代表的一些肠道微生物，如埃希菌属（*Escherichia*）、沙门菌属（*Salmonella*）和志贺菌属（*Shigella*）的某些微生物，能够利用葡萄糖进行混合酸发酵，同时生成甲酸、乙酸、乙醇、乳酸及琥珀酸等多种代谢产物，其中琥珀酸由 PEP 生成，其余产物均由丙酮酸生成。琥珀酸发酵途径中，PEP 先在 PEP 羧化酶催化下生成草酰乙酸，草酰乙酸经谷氨酸转氨反应转化为天冬氨酸，天冬氨酸再脱氨生成延胡索酸，最后延胡索酸在延胡索酸脱氢酶的催化下还原为琥珀酸。丙酮酸直接进入的发酵途径有乳酸发酵和甲酸发酵，即在乳酸脱氢酶催化下可生成乳酸，以及在丙酮酸甲酸裂解酶作用下裂解成甲酸。丙酮酸经脱氢酶作用生成乙酰辅酶 A 后又进入乙醇发酵途径，经过两次还原后产生乙醇。乙酰辅酶 A 经磷酸乙酰基转移酶作用生成乙酰磷酸后进入乙酸发酵途径，乙酰磷酸由乙酸激酶催化生成乙酸。

（4）梭状芽孢杆菌的发酵途径。

梭状芽孢杆菌属（*Clostridium*）微生物具有非常复杂的混合发酵代谢途径，能由丙酮酸生成乙醇、乙酸、丙酮、异丙醇、丁酸及丁醇等多种发酵产物。丙酮酸生成乙酰辅酶 A 后，乙酰辅酶 A 除了可以转化成乙醇和乙酸外，两个乙酰辅酶 A 分子可以反应生成乙酰辅酶 A。后者可以经过 β–羟基丁酸辅酶 A 脱氢酶、1，3– 二羟酰辅酶 A 脱氢酶和丁酰辅酶 A 脱氢酶几步酶促反应生成丁酰辅酶 A。与乙酰辅酶 A 类似，丁酰辅酶 A 可以经丁醛生成丁醇，也可以经丁酰磷酸生成丁酸。此外，乙酰辅酶 A 生成乙酰乙酸，乙酰乙酸可以脱羧生成丙酮；后者还可以进一步还原为异丙醇。

3.3.1.4 微生物的合成代谢

微生物的合成代谢是利用分解代谢产生的能量、还原力和小分子前体代谢物，以及细胞从外界吸收的小分子物质，进行的复杂细胞物质合成的过程。合成代谢与分解代谢有着密切的关联，许多分解代谢的中间产物都是合成代谢的前体代谢物，如丙酮酸、草酰乙酸、乙酰辅酶 A 及 α–酮戊二酸等中间产物都是合成代谢的起始物质。有些物质的合成代谢和分解代谢途径还具有一些相同的酶促可逆反应步骤。但合成代谢并不是分解代谢的可逆反应，两者间至少有一个酶促反应是不同的。

（1）氨基酸的合成途径。

固氮微生物可以将大气中的氮气固定成氨，还有一些微生物能利用硝酸盐和亚硝酸盐作为氮源。这些含氮化合物必须先转化成氨才能被细胞同化吸收，因此氨是氮代谢的中心化合物。氨基酸合成的首个步骤是以氨的形式将氮固定在有机物分子中。这一过程主要通过 α– 酮戊二酸结合氨合成 L– 谷氨酸完成。此反应由谷氨酸脱氢酶催化，可表示为：

$$\alpha\text{– 酮戊二酸} + NH_3 + NADPH^+H^+ \rightarrow \text{L– 谷氨酸} + NADP^+ + H_2O \quad (3\text{–}3)$$

L– 谷氨酸的另一条合成途径称为 GS–GOGAT 途径（谷氨酰胺合成酶 – 谷氨酸合成酶途径），分为两步反应进行：先由 1 分子谷氨酸吸收氨生成 1 分子谷氨酰胺，再由 1 分子谷氨酰胺与 1 分子 α– 酮戊二酸反应生成 2 分子谷氨酸。这条途径的两个步骤的总和即 1 分子 α– 酮戊二酸与 1 分子氨反应生成 1 分子谷氨酸，与式（3–3）类似；但此途径的步骤和酶都与谷氨酸脱氢酶催化的反应有差异，并且需要 ATP 的参与。第一步反应由谷氨酰胺合成酶催化：

$$\text{L– 谷氨酸} + NH_3 + ATP \rightarrow \text{L– 谷氨酰胺} + ADP^+ \sim Pi \quad (3\text{–}4)$$

第二步反应由谷氨酸合成酶催化：

$$\alpha\text{– 酮戊二酸} + \text{L– 谷氨酰胺} + NADPH^+H^+ \rightarrow \text{2L– 谷氨酸} + NADP^+ \quad (3\text{–}5)$$

其中，谷氨酰胺是合成代谢途径的一个重要分支点，是合成多种含氮化合物的氮供体。谷氨酰胺合成酶的调控受产物谷氨酰胺的阻遏，也受到谷氨酰胺参与的后续代谢途径末端产物的抑制，如甘氨酸、组氨酸等。谷氨酸合成酶受氨的阻遏，因此 GS–GOCAT 途径在低氨浓度时才活泼。

糖代谢的许多中间产物是合成氨基酸的前体代谢物。在 20 种常见氨基酸的合成途径中，根据其前体代谢物不同可分为 6 个族。其中，赖氨酸在真菌中是由 α– 酮戊二酸经 α– 氨基己二酸合成，而在微生物中赖氨酸由草酰乙酸经天冬氨酸 –β– 半醛再经二氨基庚二酸合成。谷氨酸族氨基酸的前体代谢物是 α– 酮戊二酸。α– 酮戊二酸结合氨合成 L– 谷氨酸后，由谷氨酸继而合成谷氨酰胺、脯氨酸、鸟氨酸和精氨酸。天冬氨酸族氨基酸的重要前体代谢物是草酰乙酸。草酰乙酸和谷氨酸进行转氨反应生成天冬氨酸和 α– 酮戊二酸，继而由天冬氨酸进一步生成天冬酰胺、苏氨酸、甲硫氨酸和异亮氨酸。丙酮酸族氨基酸由丙酮酸与谷氨酸进行转氨反应可生成。丝氨酸族氨基酸的前体代谢物是3–磷酸甘油酸。芳香族氨基酸合成的前体代谢物是磷酸烯醇式丙酮酸和赤藓糖–4–磷酸。组氨酸的前体代谢物是核糖–5–磷酸。

氨基酸合成途径有着严格的调节机制。不同的氨基酸其调节机制不同,在不同的微生物中同一种氨基酸的调节机制也可能不同。大肠杆菌的氨基酸合成途径的调节机制研究较为深入,主要包括两种。

①变构调节(allosteric regulation),终端产物抑制合成途径的第一个酶(变构酶)的活性。

②通过控制阻遏酶(repressible enzyme)的生成量调控合成途径。

(2)核酸的合成途径。

核苷酸是核酸的基本结构单元。它由三部分组成。

①杂环的含氮碱基,可分为嘌呤或嘧啶;

②戊糖,RNA中的戊糖是核糖,DNA中的戊糖是2–脱氧核糖;

③磷酸基团,合成核苷酸的重要前体代谢物是核糖–5–磷酸、3–磷酸甘油酸、α–酮戊二酸和草酰乙酸。

全新合成核糖核酸的过程:首先是合成次黄嘌呤核苷酸(IMP)和尿嘧啶核苷酸(UMP);然后IMP再转化为腺嘌呤核苷酸(AMP)和鸟嘌呤核苷酸(GMP),UMP再转化为胞嘧啶核苷酸(CMP)。

核苷酸合成途径主要通过其核苷酸产物的反馈抑制进行调节。脱氧核糖核苷酸dAMP、dCMP、dUMP和dCMP是由相应的核糖核苷酸AMP、GMP、UMP和CMP还原,将核糖第二位碳原子上的氧脱去而得来的,dTMP是由dUMP通过甲基化而得到的。

(3)糖类的合成途径。

微生物可以通过糖异生作用(gluconeogenesis)以非糖物质如乳酸、丙酮酸、丙酸及氨基酸等为前体合成葡萄糖。糖异生作用从丙酮酸开始逆EMP途径的方向合成葡萄糖,除了绕过EMP途径中的三个不可逆步骤,即丙酮酸激酶、磷酸果糖激酶和己糖激酶催化的步骤以外,其他步骤都是EMP途径的逆反应。三个绕过的步骤为:丙酮酸在丙酮酸羧化酶(PC)催化下形成草酰乙酸,在磷酸烯醇式丙酮酸羧激酶(PEPCK)催化下形成 PEP；1，6– 二磷酸 – 果糖在 1，6– 二磷酸 – 果糖酶（FBPP）催化下生成 6– 磷酸 – 果糖；6– 磷酸 – 葡萄糖在 6– 磷酸 – 葡萄糖酶（CPP）催化下水解为葡萄糖。糖异生作用和 EMP 途径有着密切的相互协调关系。EMP 途径活跃则糖异生作用会受到一定限制。此外，它们还受到底物浓度的调节，以及产物的抑制。1– 磷酸 – 葡萄糖与 UTP 由 UDP– 葡萄糖焦磷酸化酶催化生成 UDP– 葡萄糖。UDP– 葡萄糖是合成糖原的结构单位，同时也是合成革兰氏阴性微生物脂多糖及真菌细胞壁的结构单位。UDP– 葡萄糖在糖原合酶（glycogen synthase）催化下与糖原引物蛋白（glycogenin）催化形成的引物以 α–1，4– 糖苷键连接，形成直链葡聚糖，同时释放 UDP。而糖原分支酶（glycogen branching enzyme）可催化葡萄糖残基从 1，4– 连接转变成 1，6– 连接，从而形成多分支结构葡聚糖。

革兰氏阳性微生物肽聚糖的合成途径需要 5 个单体：UDP–N– 乙酰葡糖胺（UDP–NAG），UDP–N– 乙酰胞壁酸（UDP–NAM），丙氨酸（*L* 型和 *D* 型），二氨基庚二酸和谷氨酸。其中，UDP–N– 乙酰葡糖胺也是合成真菌几丁质的结构单位；合成它的前体代谢物是果糖 –6– 磷酸和乙酰 –CoA，L– 谷氨酰胺是其氨基供体。

（4）脂类的合成途径。

脂肪酸是脂类的主要结构单位，根据其烃链是否含有不饱和键可分为饱和脂肪酸和不饱和脂肪酸。只有一个不饱和键的脂肪酸称为单不饱和脂肪酸，含有多个不饱和键的脂肪酸则称为多不饱和脂肪酸。合成饱和脂肪酸的前体代谢物是乙酰辅酶 A 和丙二酸单酰辅酶 A，其中丙二酸单酰辅酶 A 由乙酰辅酶 A 羧化而成。饱和脂肪酸合成途径的每个循环都在活化了的乙酰辅酶 A 上添加两个由丙二酸单酰辅酶 A 提供的碳单位。微生物中，单不饱和脂肪酸的合成是通过厌氧途径进行的，当脂肪酸碳链延长过程生成 β– 羟癸酰基 –ACP 时，在 β– 羟癸酰基硫酯脱水酶的作用下插入了一个 β，γ– 顺式双键，然后 β，γ– 不饱和酰基延长生成棕榈油酸（C16：1）。而在真菌中，第九个碳原子上的双键是在 C16 或 C18 饱和脂肪酰辅酶 A 已经合成后才引入的。此过程需要 O_2 和 NADH 参与，其反应式如下：

$$硬脂酰-辅酶+O_2+NADH^+H^+ \rightarrow 油酰辅酶A+2H_2O+NAD^+ \quad (3\text{-}6)$$

真菌中的多不饱和脂肪酸的合成可以通过与式(3-6)相似的反应来完成。

3-磷酸-甘油是磷脂和脂酰甘油的前体代谢物。它的来源有两条途径,一是由EMP途径中的磷酸二羟丙酮形成,二是由甘油的磷酸化形成。单酰甘油和二酯酰甘油由甘油-3-磷酸与脂酰辅酶A酯化形成。三脂酰甘油由1,2-二酯酰甘油3-磷酸(PA)水解去磷酸基后,再与脂酰辅酶A反应得到。

大肠杆菌中最重要的磷脂种类有磷脂酰乙醇胺(phosphatidylethanolamine,PE)、磷脂酰甘油(phosphatidylglycerol,PG)和双磷脂酰甘油(diphosphatidylglycerol)。这三种磷脂的合成途径从3-磷酸-甘油开始直到生成CDP-二酰基甘油的途径是相同的,然后分别有各自的途径。L-丝氨酸取代CDP而生成磷脂酰丝氨酸,磷脂酰丝氨酸脱羧生成磷脂酰乙醇胺。3-磷酸-甘油取代CDP-二酰基甘油中的CDP,接着将磷酸与甘油部分中的连接处断开,即生成了磷脂酰甘油。两个磷脂酰甘油缩合生成双磷脂酰甘油,同时释放一个甘油。酵母菌中常见的磷脂醇主要有磷脂酰胆碱(phosphatidyl choline, PC)、磷脂酰乙醇胺(PE)和磷脂酰肌醇(phosphatidyl inositol, PI)。磷脂酰乙醇胺是由磷脂酰丝氨酸脱羧得到的,磷脂酰胆碱是由磷脂酰乙醇胺连续甲基化而得到的,磷脂酰肌醇是由游离的肌醇相互结合而得到的。其中,肌醇的前体代谢物是葡萄糖-6-磷酸。葡萄糖-6-磷酸首先经过磷酸肌醇合成酶催化生成1-磷酸-肌醇,然后由1-磷酸-肌醇酯酶将1-磷酸-肌醇转化成肌醇。

3.3.1.5 次级代谢产物

次级代谢产物是某些微生物在其生长过程中某个阶段产生的代谢产物,一般是在产生菌生长中止后合成的。微生物生长至稳定期后开始进入产生次级代谢产物的生产期或称分化期。初级代谢的一些关键性中间体往往是次级代谢产物的前体代谢物,而次级代谢产物主要是一些结构复杂的化合物,也不是微生物生长所必需的物质。次级代谢产物种类繁多,结构复杂,含有特殊的化学键,如氨基糖、吩嗪、吡咯、苯醌、喹啉、萜烯等。根据其所起作用，可分为抗生素、维生素、激素、毒素、色素和生物碱等。这些次级代谢产物有许多对人类的生产、生活都有重要影响。研究次级代谢产物的合成途径及其代谢调节，在理论和实践方面都具有重要意义。

（1）次级代谢产物的特征。

次级代谢产物的合成具有明显的特征。

①次级代谢产物一般不是在细胞生长期产生的，而是在细胞停止生长后的生产期开始形成的。

②次级代谢产物种类繁多，通常含有不常见的化学键，如氨基糖、吩嗪、苯醌、吡咯、喹啉以及萜烯等。

③次级代谢产物通常具有较特殊的化学结构，如 β- 内酰胺环、环肽和大环内酯类抗生素的大环等。

④有的微生物可产生结构相近似的一簇抗生素，有的微生物可产生结构完全不同的多种次级代谢产物。例如，产黄青霉（*Penillium chrysogenum*）能产生至少 10 种不同特性的青霉素；灰色链霉菌（*Streptomyces griseus*）不仅可产生链霉素，还可以产生吉他霉素、吲哚霉素、灰霉素和灰绿霉素等。

⑤次级代谢产物的合成对环境因素特别敏感，其合成信息的表达受环境因素调节。

（2）次级代谢产物的合成途径。

次级代谢产物是以初级代谢的中间体作为前体代谢物进行合成的，初级代谢的一些关键中间体连接了次级代谢途径。这些初级代谢中间体通常经过一系列生化反应转化成具有特殊结构特征的次级代谢产物。次级代谢途径发生的主要生化反应有：

①氧化还原反应。例如，醇或羟基的氧化、双键的形成或还原以及芳香环的氧化性裂解。

②甲基化反应。在聚合酮的合成中甲基化反应起重要作用，如金霉素、红霉素、林可霉素等的合成途径中需要甲基化反应。

③卤化反应。含有卤素的次级代谢产物需要经过卤化反应引入卤素，如金霉素、氯胺苯醇、灰黄霉素等是典型的含氯次级代谢物。

3.3.2 代谢途径的调控

微生物的代谢途径调控(regulation of metabolism)是发生在细胞水平和分子水平上对代谢途径中酶的调节控制,主要有两种类型:酶活力的调节(激活或抑制)和酶合成的调节(诱导或阻遏)。

3.3.2.1 酶活力的调节

某一代谢途径的反应速率和方向是由该途径的一个或几个具有调节作用的关键酶的活性决定的。

关键酶一般具有以下特点。

①关键酶催化的反应速率最慢,决定整个代谢途径的总反应速率,又称限速酶。

②关键酶催化单向反应或非平衡反应,决定整个代谢途径的反应方向。

③关键酶一般处于代谢途径的起始或分支部位。

④关键酶的活性除了受底物影响外,还受到多种代谢物或效应剂的调节。

因此对关键酶的活力进行调节是代谢途径调控的一种重要方式。这种调节方式较为快速,主要包括变构调节和共价修饰调节。

(1)变构调节。

代谢途径的关键酶能够和某些化合物结合而使酶分子发生构象改变,从而改变酶活力以控制代谢反应的速率,这种调节作用称为变构调节。能发生变构调节的酶称为变构酶(allosteric enzyme)。能使酶分子发生变构效应的化合物称为变构剂,其中能使酶活力增加的变构剂称为变构激活剂,而使酶活力降低的变构剂称为变构抑制剂。变构酶一般具有两个亚基,即与催化底物结合的活性亚基和与变构剂结合的变构亚基。当变构酶的变构亚基与变构剂非共价结合后,会使酶的空间构象发生改变,从而导致其活性亚基的构象也发生变化,使酶的催化活性降低或提高。这一过程并不涉及能量消耗。

变构调节的生理意义在于：

①代谢途径的某种产物作为变构抑制剂反馈抑制该途径的关键酶，从而使代谢产物的生成量得到控制，避免原料的浪费。

②通过变构调节，使能量得以有效储存。

③通过变构调节，可维持代谢物的动态平衡。

④通过变构调节，使不同代谢途径相互协调。

(2)共价修饰调节。

一些酶分子上的某些基团可以在另外一种酶的催化下发生共价修饰，如磷酸化或去磷酸化，从而导致酶活力的激活或抑制，这种调节作用称为共价修饰调节，这类酶称为共价调节酶。目前已知的多种共价修饰有磷酸化/去磷酸化、乙酰化/去乙酰化、甲基化/去甲基化和腺苷化/去腺苷化等。与变构调节的酶构象变化不同，共价调节酶被共价修饰后，酶的一级结构发生了改变，形成两种互变形式，即有催化活性的形式和无催化活性的形式，如糖原磷酸化酶的去磷酸化形式无活性，而其磷酸化形式有活性。这两种形式的转换是由酶催化的，因此可以在很短的时间内经信号启动，生成大量有活性的酶，其催化效率比变构调节更高。此外，发生共价修饰反应时一般需要消耗少量能量。

3.3.2.2　酶合成的调节

微生物代谢途径的调节除了酶活力的调节以外，还可以通过改变酶合成(或降解)的速率以控制酶的浓度来进行调节。酶活力的调节实际是对现有的可用酶在极短时间内进行的活性调节，而酶合成的调节则是在转录和翻译水平上进行的浓度调节。

(1)底物诱导。

培养基中某种酶的底物，可以促进细胞中该酶的合成速率，这种现象称为底物诱导；这些酶称为诱导酶(induced enzyme)。能诱导酶合成的底物称为诱导物(inducer)。它可以是酶催化的底物或者其衍生物，以及其结构类似物。诱导酶合成的关键还是取决于细胞是否有编码该酶的基因，否则即使有诱导物存在也无法合成这种酶。底物诱导这种调节方式可以避免合成暂时无用的酶所造成的浪费,只有细胞在遇到诱导物时,才会迅速合成诱导酶。如果某种酶的合成速率受其底物浓度变化的影响非常小,那么这种酶称为组成酶(constitutive enzyme)。组成酶是细胞固有的酶类,无须底物诱导便能自动合成,如EMP途径的酶系。

大多数原核生物对酶合成的调节,主要是在转录水平上调控mRNA的浓度,以避免合成不必要的mRNA造成浪费。在结构基因附近起调节基因转录作用的控制区域,称为调节区。当RNA聚合酶与调节区中的启动子结合时,结构基因即开始转录。通过控制RNA聚合酶与启动子结合的速率,可以调节mRNA合成的速率,从而决定合成酶的表达水平。在调节区中除了包含启动子外,还包含一段编码调节蛋白的调节基因,以及一个能与调节蛋白结合的操纵基因。调节蛋白的功能如果是阻止基因转录的,称为负调控;反之称为正调控。例如,大肠杆菌的乳糖操纵子(lactose operon),是研究得最早最充分的底物诱导调控系统。乳糖操纵子的启动子和操纵基因分别是*lacP*和*lacO*,调节基因*lacI*编码阻遏蛋白。当缺乏乳糖时,阻遏蛋白与操纵基因结合,阻碍RNA聚合酶对操纵子的转录,因此乳糖操纵子的底物诱导系统是一个负调控系统。当存在乳糖时,乳糖与阻遏蛋白的特定位点结合,引起阻遏蛋白的构象变化,使其与操纵基因的亲和力降低,从而使RNA聚合酶能够向前移动转录出多顺反子mRNA,它编码了利用乳糖作为碳源时所必需的结构基因:β-半乳糖苷酶(*lacZ*)乳糖通透酶(*lacY*)和β-半乳糖苷转乙酰基酶(*lacA*)。

(2)代谢物阻遏。

乳糖操纵子还有一个正调控系统。由于大肠杆菌利用葡萄糖的酶是组成型的,当葡萄糖和乳糖同时存在时,细胞会优先利用葡萄糖,此时表达乳糖代谢酶是对胞内资源的浪费。当葡萄糖被细胞利用浓度变得很低时,乳糖代谢酶才能高效表达。正调控系统的调节蛋白是环腺苷酸受体蛋白(cyclic AMP receptor protein, CRP)。当大肠杆菌利用葡萄糖生长时,胞内cAMP浓度低,而细胞利用其他碳源时,cAMP浓度增高。当cAMP浓度高时(葡萄糖浓度很低),cAMP与CRP蛋白结合形成CRP-cAMP复合物,进而结合在乳糖操纵子的CRP位点上,促进RNA聚合酶和启动子的结合,并在乳糖的底物诱导作用下使乳糖代谢酶高效表达。

而当 cAMP 浓度低时，无法形成 CRP–cAMP，此时 RNA 聚合酶和启动子的结合力较弱，即使存在乳糖的底物诱导作用，乳糖操纵子也不能高效表达。在这种代谢调控过程中，由于底物葡萄糖的存在而阻遏了乳糖代谢酶的合成，称为葡萄糖效应。

除了葡萄糖效应以外，这种容易利用的碳源阻遏其他碳源分解酶的合成的现象普遍存在，被称为分解代谢物阻遏。同样，某些分解含氮代谢物的酶也会受到容易利用的氮源（如 NH_3 或谷氨酰胺）的阻遏。大多数受阻遏的酶是诱导酶，实际上有些高效诱导物也可逆转分解代谢物的阻遏作用。

还有一种代谢物阻遏是终产物阻遏。代谢途径的终产物除了可以通过变构调节直接影响途径中第一个酶或关键酶的活性外，有时还可以阻遏这一系列酶的合成，这种调节机制称为终产物阻遏。终产物阻遏和底物诱导的机制类似，都是阻遏蛋白与操纵基因结合阻遏 RNA 聚合酶的转录，是一种负调控系统。两者的不同之处是，在终产物阻遏系统中，阻遏蛋白不能单独与操纵基因结合，只有阻遏蛋白和终产物结合后才能与操纵基因结合，阻遏基因的表达。例如，大肠杆菌中的色氨酸阻遏，当色氨酸浓度高时，阻遏蛋白 TrpR 与色氨酸结合后改变构象，从而可结合在操纵基因上，阻遏色氨酸操纵子的转录：当色氨酸浓度低时，阻遏蛋白 TrpR 不与色氨酸结合，无法结合在操纵基因上，色氨酸操纵子的转录开启。

（3）弱化机制。

除终产物阻遏以外，大肠杆菌的色氨酸操纵子还存在一种称为弱化作用的调控转录终止机制。弱化作用是通过 *trpE* 基因前的一段前导 RNA 链在转录过程中形成终止子或抗终止子结构进行的。

前导 RNA 链有以下几个特点。

① 5' 端有核糖体结合位点（RBS）以及一个起始密码子，距 5' 端 70 个碱基处有一个终止密码子，这段序列可翻译为由 14 个氨基酸残基组成的短肽，称为前导肽。

②前导肽编码基因有两个连续的色氨酸密码子。

③前导 RNA 链有 4 段能互相配对的区域。如果区域 2 和区域 3 配对则形成抗终止子结构，如果区域 3 和区域 4 配对则形成终止子结构。

前导 RNA 链被转录后，核糖体就会结合在 RBS 上启动前导肽的翻译。当色氨酸浓度高时，胞内的色氨酸 -tRNA 供应水平较高，核糖体可以快速通过两个连续的色氨酸密码子，并占据区域 1 和区域 2，因此区域 3 和区域 4 会配对形成终止子结构，中止色氨酸操纵子的转录。当色氨酸浓度低时，胞内的色氨酸 -tRNA 供应水平较低，核糖体无法快速通过两个连续的色氨酸密码子，只占据区域 1，因此区域 2 和区域 3 可配对形成抗终止子结构，防止了区域 3 和区域 4 配对形成终止子结构，使色氨酸 -mRNA 被完全转录。

（4）核糖开关。

位于大肠杆菌维生素 B_{12} 胞外转运蛋白 btuB mRNA 的 5'-UTR（untranslated region）存在某些结构元件。当维生素 B_{12} 的辅酶腺苷钴胺素浓度高时，该元件能结合腺苷钴胺素，导致 mRNA 构象发生变化，进而抑制 btuB 蛋白的翻译。这类 mRNA 结构元件，能够直接感受环境中特定代谢物浓度的变化，并通过与代谢物结合发生 mRNA 构象变化，来实现对基因表达的调控，被称为核糖开关（riboswitch）。目前在微生物和真菌中发现了多种核糖开关，参与多种物质基础代谢途径的控制。微生物的核糖开关位于 mRNA 的 5'-UTR，而真核生物的核糖开关可位于 3'-UTR 或内含子区域。大多数核糖开关都由两个结构域组成，沿转录方向，分别是适配子结构域（aptamer domain，AD）和表达平台（expression platform，EP）。AD 是一个高度折叠的结构，能选择性地与特定代谢物结合，导致其自身以及 EP 的构象发生变化。EP 构象的变化可以形成抗终止子结构或终止子结构，或者将 RBS 位点、mRNA 酶切位点暴露或掩蔽，从而在基因转录、翻译或 mRNA 酶切和加工等水平上进行调节。

目前已经发现的核糖开关主要有以下几种。

①焦磷酸硫胺素（TPP）核糖开关。普遍存在于微生物、古生菌、真菌和植物中，是自然界分布最广的核糖开关。大肠杆菌中 *thiC* 基因的 5'-UTR 存在此开关，它通过控制维生素 B_{12} 的合成来调节细胞内 TPP 的浓度。

②黄素单核苷酸（FMN）核糖开关。存在于许多微生物中，调节维生素 B_{12} 和 FMN 的合成及运输等相关基因的表达。

③腺苷钴胺素（辅酶 B_{12}）核糖开关。存在于多种微生物中，根据辅酶 B_{12} 的浓度在转录和翻译水平上调节维生素 B_{12} 的合成和运输相关基因的表达。

④ S- 腺背甲硫氨酸（SAM）核糖开关。多存在于革兰阳性微生物中，在转录水平上调节与半胱氨酸、甲硫氨酸和 SAM 合成相关基因的表达。

⑤赖氨酸核糖开关。枯草芽孢杆菌 *lysC* 基因的 5'–UTR 含有一个赖氨酸核糖开关，能够专一性地感应胞内 L- 赖氨酸的浓度并调节其合成。

⑥甘氨酸核糖开关。枯草芽孢杆菌 *gevT* 操纵子的 5'–UTR 含有甘氨酸开关，当甘氨酸浓度过高时，启动甘氨酸降解。它具有两个相距很近的适配子结构域，并存在协调效应，即第一个适配子结构域与甘氨酸结合后会增强第二个适配子结构域与甘氨酸的亲和力。

⑦嘌呤核糖开关。主要控制嘌呤合成和运输相关基因的表达。

⑧ 6- 磷酸葡萄糖胺（GleN6P）核糖开关。存在于革兰阳性微生物 *glmS* 基因的 5'–UTR，它与 GlcN6P 结合，可导致 mRNA 的 5' 端发生自剪切，从而下调 *glmS* 基因的表达。

⑨ SAM- 辅酶 B_{12} 核糖开关。在克劳芽孢杆菌 *melE* 基因的 5'–UTR 中存在的一种两个核糖开关串联的结构，其适配子结构域可分别与 SAM 和辅酶 B_{12} 结合，任何一种浓度过高都能结束 *melE* 基因的转录。

（5）翻译的控制。

某些酶的调控也能够发生在翻译水平，称为转录后调控。这种调控机制控制一个完整 mRNA 被翻译的次数。

一般情况下，翻译调控的方式主要有以下几种。

①控制 mRNA 的稳定性。

②控制翻译起始概率。

③控制蛋白质合成速率。

许多编码核糖体蛋白的操纵子都可在翻译水平上进行调控。因为核糖体翻译蛋白的速率有限，每个核糖体每秒约翻译 15 个氨基酸。当细胞加速生长时，蛋白质合成速率也加快，因此细胞会合成更多的核糖体。

细胞可以通过两种机制调控，使核糖体蛋白的合成与核糖体的合成相偶联。

①少许过量合成的核糖体抑制 rRNA 的合成(核糖体反馈调节)。

②某些核糖体蛋白结合在其自身 mRNA 的 RBS 位点附近,从而抑制核糖体蛋白的翻译(翻译抑制)。

还有一种重要的 rRNA 调控系统是严紧反应。细胞在培养过程中某种氨基酸被耗尽,细胞处于"饥饿"状态,导致 iRNA 空载,此时会引发 *relA* 基因的诱导,*relA* 基因表达严紧反应的调控因子 ${}_{(P)PP}G_{PPO(P)PP}G_{PP}$ 的产生发出停止蛋白质合成的信号,触发 rRNA 合成的终止。

在原核生物中,可通过前述的核糖开关对基因的表达进行翻译控制。例如,核糖开关通过感受某种代谢物的浓度,发生 mRNA 构象变化后,通过掩蔽或暴露 RBS 位点来实现翻译的终止和启动。此外,还可以通过小 RNA 来进行翻译控制。这些小 RNA 在低温或低铁水平等环境下表达,通过与特定 mRNA 的翻译起始区配对结合而抑制翻译,或者诱导特定 mRNA 构象发生变化暴露出翻译起始位点而启动翻译。在某些噬菌体和原核生物中还有一类 mRNA 特异性阻遏蛋白,这些蛋白可以结合在特定 mRNA 的 RBS 位点附近,从而抑制翻译。

3.3.2.3 细胞水平的总体调控

作为一种基因水平调控的机制,乳糖操纵子的阐明激起了人们对其他操纵子研究的强烈兴趣。随着更多新操纵子的发现和对它们的研究分析得出共识,这些操纵子不是独立发挥作用,而是作为一个更高水平的调控网络的成员发挥作用。这个更高水平的调控称为总体调控。在细胞水平上,总体调控利用调控信号控制细胞的多种生理状态,为生物体提供了适应环境变化的能力。例如,培养基成分发生变化、好氧和厌氧环境的切换、发生各类应激反应等。总体调控网络包括功能明显无关而且在染色体图上物理位置也不连续的多套操纵子和多套调节子。尽管这些操纵子各自分布在基因组的位置不同,有时表现出完全不同的功能,但它们都在一个总体调控网络中,被统一协调控制。一个总体调节网络中处于一个共同调节蛋白控制下的一个操纵子网络,称为总体调节子。即使环境简单的变化通常也会诱导几个调节子。相应于单一环境刺激的全部调节子,称为刺激子。通过共享一个多效调节蛋白处于不同的特定控制之下的一组操纵子和(或)调节子,称为调控代谢子(modulon)。

这种总体调控网络有两点理由:第一,某些细胞过程所涉及的基因多于单个操纵子所能容纳的基因。例如,微生物的翻译过程,涉及至少150个基因产物的一组基因,包括rRNA,核糖体蛋白,起始、延长以及终止因子,氨酰基合成酶和tRNA。如此众多的相互关联组分的高效协调控制,显然不是一个操纵子基因所能包含的。第二,尽管有些基因需要被独立调控,但有更高级的协调控制系统也是至关重要的。这些情况的例子常见于编码分解代谢酶的基因中。这些酶参与碳源和能源的利用。葡萄糖是大多数微生物的优质底物,当存在于生长培养基时,它总是抑制第二种或冗余底物的代谢所需酶的表达(分解代谢物阻遏)。然而当缺乏优质底物时,每个操纵子都必须有在其同源底物存在时独立诱导的能力。这些例子表明需要一个调控组织机构替代单个操纵子的独立调控。据估计,微生物细胞已经演化形成了几百个多基因调节系统。只有极少数系统被深入研究。

3.3.3　微生物的遗传

3.3.3.1　遗传和变异的物质基础——核酸

核酸是遗传和变异的物质基础。亲代通过核酸将决定各种遗传性状的遗传信息传给子代,子代以亲代遗传信息为模板,通过转录和翻译产生一定形态结构的蛋白质,从而决定子代具有一定形态结构和生理生化性质的遗传性状。“核酸是遗传物质”的理论依据来自以下3个经典实验。

(1)肺炎双球菌转化实验。

1928年,格里菲斯(Grifflth)通过肺炎双球菌感染小鼠实验发现了遗传物质的存在,他先将有毒的、活的SⅢ型(有荚膜、菌落光滑型)肺炎双球菌注射到小鼠体内,发现小鼠很快死亡。但将无毒、活的RⅢ型(无荚膜,菌落粗糙型)肺炎双球菌(*Diplococcus pneumoniae*)注入小鼠体内,小鼠就不会死亡;将加热杀死的SⅢ型肺炎双球菌注入小鼠体内,小鼠也不会死亡。将少量无毒、活的RⅢ型肺炎双球菌和大量经加热杀死的有毒的SⅢ型肺炎双球菌混合注射入小鼠体内,小鼠同样会死亡,而且还在死鼠体内发现有活的 S Ⅲ型肺炎双球菌。可见，S Ⅲ型死菌体内有一种物质引起 R Ⅲ型活菌转化产生 S Ⅲ型菌。但当时并不知道 S Ⅲ型死菌体内能引起转化的物质是什么。

1941 年，艾弗里（Avery）、麦克劳德（Macleod）和麦卡蒂（MacCarty）等对转化的本质进行了深入研究，他们从 S Ⅲ型活菌体内提取荚膜多糖、蛋白质、RNA 和 DNA，将它们分别和 R Ⅲ型活菌混合均匀后注射入小鼠体内，结果多糖、蛋白质和 RNA 均不引起转化，只有注射 S Ⅲ型菌的 DNA 和 R Ⅲ型活菌混合液的小鼠才会死亡，这是由于一部分 R Ⅲ型菌转化产生有荚膜、有毒的 S Ⅲ型菌所致，而且它们的后代都是有荚膜、有毒的。如果用 DNA 酶处理 DNA，则不会发生转化作用。经元素分析、血清学分析，以及用超离心、电泳、紫外线吸收等方法测定，证明这转化因子是 DNA。进一步证明转化实验中 S Ⅲ型肺炎链球菌死菌体内的起转化作用的物质确实是 DNA。

DNA 的转化效率很高，它的最低作用质量浓度为 1×10^{-5} μg/mL，其转化率随着 DNA 的纯度增高及蛋白质含量的降低而有所提高。

（2）噬菌体感染大肠杆菌的实验。

1952 年，赫尔希（Hersey）和蔡斯（Chase）通过噬菌体感染大肠杆菌的实验进一步证实了 DNA 是遗传物质的推论。他们用 ^{32}P 和 ^{35}S 标记大肠杆菌 T_2 噬菌体，因蛋白质分子中只含硫不含磷，而 DNA 只含磷不含硫，故将大肠杆菌 T_2 噬菌体的头部 DNA 标上 ^{32}P，其蛋白质衣壳被标上 ^{35}S。用标上 ^{32}P 和 ^{35}S 的 T_2 噬菌体感染大肠杆菌，10 min 后 T_2 噬菌体完成了吸附和侵入的过程。将被感染的大肠杆菌洗净放入组织捣碎器内强烈搅拌，以使吸附在菌体外的 T_2 蛋白质外壳均匀散布在培养液中，然后离心沉淀，分别测定沉淀物和上清液中的同位素标记，结果发现 ^{32}P 和微生物全部在沉淀物中，^{35}S 全部留在上清液中，即只有 DNA 进入大肠杆菌体，蛋白质外壳留在菌体外。进入大肠杆菌体内的 T_2 噬菌体 DNA，利用大肠杆菌体内的 DNA、酶及核糖体复制大量 T_2 噬菌体，进一步证明了 DNA 是遗传物质。

（3）植物病毒的重建实验。

烟草花叶病毒（TMV）有一圆筒状的蛋白质外壳，由 2 130 个相同的蛋白质亚基组成，内含有一单链RNA分子，沿着内壁在蛋白质亚基间盘旋。把TMV放在水和苯酚中震荡，就可以把病毒的蛋白质部分同RNA分开。1956年，德国科学家吉尔（Gierer A）和施拉姆（Schramm G）用提纯的TMV RNA接种烟草植株，结果出现了典型的病斑，而当用RNase处理RNA后，再感染植物时就观察不到病斑的出现，这个结果表明RNA是TMV的遗传物质。

TMV有很多株系，根据寄主植物的不同和在寄主植物叶片上形成的病斑差异可以对它们加以区别。佛兰克尔·康拉特（Fraenkel Conrat H）等将TMV和霍氏车前花叶病毒（HRV）两种不同的病毒株系的外壳蛋白和RNA分别分离开，然后再交互重组，即用TMV的蛋白外壳与HRV的RNA混合，和用TMV的蛋白外壳与HRV的RNA混合形成杂种病毒。当用这两种杂种病毒来感染烟草时，病斑总是与RNA供体的病斑一样，而与蛋白外壳供体的病斑不同。这一结果证明了在只有RNA而不具有DNA的病毒中，RNA是遗传物质。

上述实验不仅证明了DNA是遗传物质，揭示了遗传物质的化学本质，也大大推动了对核酸的研究。

3.3.3.2 微生物遗传物质的存在形式

大多数微生物的遗传物质都是DNA。

（1）DNA在原核细胞中的存在方式。原核细胞DNA分为核DNA和核外DNA。

（2）DNA在真核细胞中的存在方式。真核细胞DNA也分为核DNA和核外DNA。核DNA与组蛋白等结合，以染色体的形式存在。真核生物的DNA每个细胞都含有数条或数十条染色体，存在于由核膜包裹着的细胞核内。

（3）非细胞型微生物遗传物质存在方式。非细胞型微生物包括病毒、类病毒（只含有具有单独侵染性的较小型的核糖核酸分子、拟病毒（只含有不具备侵染性的RNA）及朊病毒（没有核酸而有感染性的蛋白质颗粒）。除朊病毒外，其他病毒的遗传物质均为核酸分子——DNA或RNA。

（4）质粒。质粒是指游离于原核生物染色体外，具有独立复制能力的小型共价闭合环状 DNA 分子，即 cccDNA（circular covalently closed DNA）。质粒相对分子质量一般在 10^6 ~ 10^7，大小范围从 1 kb 左右到 1 000 kb，约为核基因组的 1%。质粒上携带着某些染色体上所没有的基因，但对菌体生存并不是必需的。质粒携带有编码某些特性的基因，其存在可使微生物细胞具有某些特性。如接合、产毒、抗药、固氮、产特殊酶或降解有毒物质等功能。质粒所携带的遗传信息，一般只与宿主细胞的某些次要特性（抗生素、毒素、激素、色素等）有关，而并不关系到细胞的生死存亡。所以质粒的消失不会造成菌体死亡。

一些质粒具有相容性（compatibility），即两种不同类型的质粒能稳定地共存于一个宿主细胞内；一些质粒不具相容性（incompatibility），即两种不同类型的质粒不能稳定地共存于一个宿主细胞内。

3.3.4 Ames 试验

利用微生物突变来检测环境中存在的致癌物质是一种简便、快速、灵敏的方法，可以通过某待测物质对微生物的诱变能力间接判断其致癌能力。该方法由美国加利福尼亚大学的 B.N.Ames 教授于 1975 年发明，因此又称 Ames 试验。

该试验是在一组雄性大鼠腹腔内注射芳香族化合物，如多氯联苯油溶液等，以诱导大鼠肝脏酶系的活性。4 d 后杀鼠取肝，捣碎后离心制备成肝酶（S9）的悬液，然后将待测物与 S9 以及沙门菌（*Salmonella typhimurium*）的突变株（*his*-）（点突变或移码突变）混合后倒平板，若能产生回复突变的待测物则可判定为诱变物。在此实验中还有一组对照实验，即只加 S9 和沙门菌的突变品系，而不加待测物，若也有回复突变产生表明是自发的突变，可以作为对照来进行比较。

Ames 方法的特点是快速、简便，也较为准确。经对几百种物质进行测试表明约 90% 致癌物具有诱变作用。

（1）化学物质引起的诱变往往不是直接的，它要经过生物的消化吸收、特别是高等生物肝脏中的有关酶的作用以后再起作用。化学物质本来是可以直接起到诱变作用的，但经肝脏中的酶作用后可能会失去诱变能力；或正好相反，本来它并不具有诱变的能力，但经过酶的作用后反而获得了诱变的能力。因此，经肝脏中酶的作用才能较真实地反映在动物活体中某种化学品的实际的诱变能力。

（2）诱变剂仅改变突变频率，而不影响突变方向，即同样诱变剂也能导致回复突变。由于正突变试验可能会产生多方向的结果，因此用回复突变较有利于鉴别，用回复突变只需用基本培养基进行筛选即可。

第 4 章　微生物对环境的污染和危害

微生物污染空气、水体和土壤，会影响生物产量和质量，危害人类和生态健康，这种污染称为微生物污染。根据污染对象，可分为空气微生物污染、水体微生物污染、土壤微生物污染等；根据危害方式，又可分为病原菌污染、水体富营养化、微生物代谢产物污染等。本章介绍微生物污染及其危害。

4.1　微生物的传播与危害

4.1.1　空气微生物污染

微生物污染引起大气环境质量恶化，导致人类活动和生态健康受到影响的现象，称为空气微生物污染。

4.1.1.1　空气微生物及其影响因素

（1）空气微生物的种类与数量。

空气污染菌具有抗逆性。空气不是微生物生活的自然环境，但许多微生物可以通过特殊机制来抵抗恶劣条件，如细菌形成芽孢，霉菌形成孢子，原生动物形成孢囊，从而在空气中长时间存活。进入大气的微生物种类很多，最常见的有八叠球菌、枯草杆菌、微球菌以及霉菌孢子等，它们是造成空气污染的主要菌群。

室外空气污染菌相对较少。在室外空气中，微生物的种类和数量与所在地区的人口密度、动植物数量、土壤和地面状况、湿度、温度、日照、气流等因素有关。一般越靠近地面，空气微生物污染越严重，随着高度上升，空气中的微生物种类和数量减少，大气上层几乎不存在微生物。

室内空气污染菌相对较多。室内空气中的细菌种类和数量远远多于室外空气。在室内空气中，特别是在通风不良、人员拥挤的环境中，不仅微生物数量多，而且不乏病原菌，如结核杆菌（*Mycobecterium tuberculosis*）、脑膜炎球菌（*meningococcus*）、感冒病毒等。

（2）空气微生物的主要影响因素。

①湿度。空气湿度对空气微生物的存活影响很大。大多数革兰氏阴性细菌在湿度较低的条件下更易存活；革兰氏阳性细菌则相反，在湿度较高的条件下更易存活。病毒存活也受湿度影响。相对湿度低于 50% 时，有包膜的病毒（如流感病毒）存活时间较长；而相对湿度高于 50% 时，则裸露的病毒（如肠道病毒）较为稳定。

②温度。空气温度也是影响微生物存活的重要因素。高温会加速微生物失活，低温则能延缓微生物失活。但温度接近于冰点时，一些细菌会因表面形成冰晶而失活。

③射线。紫外线（UV）和电离辐射（如 X 射线）可导致病毒、细菌、真菌和原生动物损伤。UV 可诱发 DNA 形成胸腺嘧啶二聚体，电离辐射则可造成 DNA 单链断裂、双链断裂以及核酸碱基结构改变。耐放射异常球菌（*Deinococcus radiodurans*）是至今所知的抗辐射能力最强的微生物，该菌对辐射损伤的染色体 DNA 具有很高的酶促修复活性。

④其他。氧气、室外空气因子（Open Air Factor，OAF）和多种离子是空气的组成成分。在闪电和 UV 作用下，氧气可从惰性形态转变成氢氧自由基、过氧化氢、过氧化物、超氧化物等活泼形态，造成细胞损伤。OAF 用于描述实验室条件下不能复制的环境因素，它们对微生物存活的影响机理有待深入研究。试验证明，空气中的正离子可引起微生物活性物理衰减（如细胞表面蛋白质失活）；而负离子则可同时产生物理和生物影响（如 DNA 内部损伤）。

4.1.1.2 空气微生物传播过程

空气微生物的传播过程包括发射、传播和沉降等环节。

发射是指使微粒悬浮于空气中的过程。含菌微粒被发射到空气中，是产生空气微生物污染的重要原因。主要发射机制有：①土壤微生物附着在尘埃上，飘浮至空中；②吹过污水表面的自然风力将含菌泡沫送入空气；③寄生于人体和动物体内的病原菌，从呼吸道直接进入空气，或随排泄物（如痰液、脓汁或粪便等）排至地面，再随灰尘飞扬，间接污染空气；④成熟的病原真菌将孢子直接释放至空气中。

传播是指流动空气将动能传给含菌微粒，使其从一个地方迁移到另一个地方的过程。传播能力决定了空气微生物的污染范围。根据持续时间和迁移距离，传播可分为亚小范围传播（持续时间短于 10 min，迁移距离小于 100 m）、小范围传播（持续时间 10 ~ 60 min，迁移距离 100 ~ 1 000 m）、中等范围传播（持续时间数天，迁移距离 100 km）、大范围传播（持续时间更长，迁移距离更远）。由于大多数悬浮于大气中的微生物存活能力有限，常见的传播是亚小范围和小范围传播。一些病毒、孢子和芽孢细菌能进行中等范围甚至大范围传播。流行性感冒曾从地球东部传播到地球西部，遍及全球。

沉降是指含菌微粒离开空气，通过一种或多种机制沉积于物体表面的过程。沉降地点决定了空气微生物的污染对象。

4.1.1.3 空气微生物污染的危害

许多空气微生物是动植物的病原菌，它们通过空气传播，可对人类生产和生活造成巨大危害：①感染农作物，导致种植业减产；②感染家畜，导致养殖业损失；③感染敏感人群，导致人类患病；④污染食品，导致食物腐败变质；等等。

小麦是重要的粮食作物，关系到人类的粮食安全。小麦锈病真菌是小麦的主要病原菌。1993 年，这种病原菌在美国造成了 4 000 多万蒲式耳小麦的损失。一株得病小麦能产生成千上万个真菌孢子，在小麦收获过程中，受空气或机械扰动，这些真菌孢子进入空气，可在大气中传播几百到数千千米。例如，在美国得克萨斯州收割冬小麦时，风向从南到北，可使小麦锈病传播至堪萨斯州。仅在美国，每年小麦锈病真菌所致的农业损失就达数十亿美元。

4.1.2　水体微生物污染

各种水生动植物及微生物生存于天然水体中，它们与所在的水体构成一个水生生态系统。水体中微生物的生命活动依赖于水生环境，当水生环境发生变化，水体中微生物也会发生相应的变化。同时，水体微生物的生命活动也影响水生环境，这种微生物对环境的反作用，表现在参与自然界的物质循环，维持生态系统中的生态平衡和水体的自净作用。此外，在同一生态系统中，微生物与微生物之间，微生物与其他生物之间也存在着复杂的、多样化的关系。

4.1.2.1　水体微生物的生态条件

天然水体由于含有可溶性无机盐、有机物及微生物生长繁殖的其他条件，是微生物栖息的重要场所。它主要包括江、河、湖泊、池塘、港湾和海洋等，大致可区分为淡水和海水两大类型。淡水和海水的区别在于所含无机盐浓度不同。在海水中，氯化钠的含量最高（3.2% ~ 4.0%），此外还含有数量较少的其他无机盐，如硝酸盐、磷酸盐、硫酸盐及铁离子等；在淡水中也含有微生物所需的各种无机盐。

天然水体中的有机物有两个主要来源：一是水体中固有微生物死亡、排泄和分泌所产生的有机物；二是来自陆地排放的各种有机污染物。由于江、河、湖泊和沿岸海水经常接纳来自陆地的各种污染物，所以有机物含量较高，而远洋海域中有机物含量则很低。

天然水体的温度主要受太阳辐射的制约。一般淡水水体的温度变化多在 0 ~ 36 ℃，湖泊和港湾的温度受季节影响较大；海洋表面水的温度在地球两极为 −1.7 ℃，在热带和亚热带为 25 ~ 35 ℃；而深海水层的温度则恒定地保持在冰点以上几摄氏度。

在水生环境里，氧是微生物最重要的限制因子之一。氧在水中的溶解度较小，静水水体，尤其是含有大量有机污染物的水体中的氧易被好氧微生物耗尽，而呈现缺氧或厌氧状态。水体的流动可促使空气中的氧向水中扩散溶解。水中的溶解氧也受温度和盐度等因素的影响。在一定范围内，水体中的溶解氧随温度的降低而增加，随着盐度的增加则呈下降趋势。

淡水的 pH 值变化范围在 3.7 ~ 10.5，其中大多数江河、湖泊及池塘的 pH 值在 6.5 ~ 8.5 范围内，而这一范围是大多数水生微生物生长繁殖的适宜范围。

光照是影响水体中微生物分布的重要因素之一。水体中光合带的范围一般在 10 ~ 100 m，在很清澈的水体中有时也可深达 200 m。

4.1.2.2 常见的水传性病原菌

常见的水传性人类和动物疾病有：霍乱、伤寒、痢疾、肝炎等。其致病菌主要是：病毒、细菌、真菌、原生动物等。各种病原菌的致病性强弱不一，与病原菌、感染对象以及环境条件有关。

（1）细菌。

①霍乱弧菌。

自 1817 年以来，全球发生过 7 次霍乱大流行。有人认为，现在仍处于第 8 次大流行的高危险期。霍乱是令世人胆寒的以腹泻为主要症状的烈性传染病，传播快，发病急，在我国被列为甲类传染病。

霍乱弧菌（*Vibrio cholerae*）是霍乱病原菌。在 1883 年第 5 次大流行中，Koch 从埃及患者粪便中首次发现了霍乱弧菌。1905 年，Cotschlich 在埃及西奈半岛 EL–Tor 检疫站，从麦加朝圣者尸体内分离了类似霍乱弧菌的菌株，命名为 EL–Tor 弧菌，后将 EL–Tor 弧菌所致的疾病称为副霍乱。由于两种弧菌的形态学和血清学特性基本一致，临床表现及防治措施也完全相同，故 1962 年 5 月第十五届世界卫生大会做出决定，将两菌所致的疾病统称为霍乱。1986 年，南亚发生霍乱，经鉴定，确认为新的霍乱弧菌，定名为 0139 霍乱弧菌。

霍乱弧菌产生肠毒素，可引起呕吐和腹泻，并在短期内使人体脱水，造成急性肾衰竭。在胃中，10^8 ~ 10^9 个病原菌可导致发病；若饮用苏打水中和胃酸，10^4 个病原菌即可导致发病。

②沙门氏菌。

沙门氏菌是造成水传性疾病暴发以及食物中毒的重要原因之一。在 1860 ~ 1865 年美国南北战争期间，士兵把生活废弃物丢至河流上游，却在河流下游取水饮用，致使伤寒大规模暴发。1890 年，美国每 10 万人中有 30 人死于伤寒。1907 年，美国开始在各大城市普及水过滤技术。1914 年开始采用氯化消毒技术。至 1928 年，美国每 10 万人中死于伤寒的人数降至 5 人。

沙门氏菌是引起伤寒的病原菌，包括 6 个亚属，2 200 多个血清型。人类感染沙门氏菌，轻者引发自愈性胃肠炎，重者引发致死性伤寒。

沙门氏菌经常存在于屠宰场污水、畜禽场污水、畜禽放养塘污水、医院污水、伤寒患者以及带菌者粪便中。可在 25 ℃污泥中存活 8 ~ 12 周，可在 30 ℃医院污水中存活 279 d 以上。

③大肠杆菌。

大肠杆菌是造成婴儿腹泻的主要病原菌之一，也可引起成人和畜禽感染。人类的致病性大肠杆菌有 5 大群，即肠道致病性大肠杆菌、肠道侵袭性大肠杆菌、肠道产毒素性大肠杆菌、肠道出血性大肠杆菌以及肠道黏附性大肠杆菌。

致病性大肠杆菌的致病力很强，只需 100 个细菌即可致病，潜伏期为 1 ~ 7 d。1996 年，日本发生肠道出血性大肠杆菌（EHEC）Ois7：H7 感染事件，9 000 多名儿童被该菌感染，流行病学调查发现，该事件的起因是致病性大肠杆菌通过污水污染萝卜苗，患者生吃了被大肠杆菌污染的萝卜苗。

④军团菌。

1976 年夏天，美国军团集会期间暴发肺炎，因此将这种疾病称为军团菌病。据报道，美国每年有 1.3 万例军团菌病，病死率较高。军团菌病的潜伏期为 2 ~ 10 d。

嗜肺军团菌（*Legionella pneumophila*）是军团菌病的病原菌，存在于人工喷泉、热水龙头、淋浴器、空调器、冷却塔等装置内。已确认的军团菌有 41 个种，共 63 个血清型。军团菌感染人类的主要途径是呼吸道。该属细菌个体微小，在人类正常呼吸时，会将含有军团菌的气溶胶吸入呼吸道，致使军团菌感染肺泡组织和巨噬细胞，引发炎症，导致军团菌病。

（2）病毒。

甲型肝炎病毒（Hepatitis A Virus，HAV）和戊型肝炎病毒（Hepatitis E Virus，HEV）可通过粪便污染水体。HAV 属于新肠道病毒，可在污水和甲肝患者粪便中存活较长时间，并通过水体传播。甲型肝炎是常见的消化道传染病，曾在我国沿海地区散发流行，也曾多次暴发流行。1971 ~ 1978 年，美国水源性疾病暴发流行 224 起，其中 12 起由 HAV 所致。

戊型肝炎也是一种水源性暴发流行的疾病。在潜伏期和急性期，戊型肝炎患者和实验动物粪便中含有大量病毒，易成为传染源，通过饮水和接触感染敏感人群。常见的传播途径是粪—口途径。1991 年印度 Kanpur 地区水源被粪便污染，造成了戊型肝炎大流行。

（3）原虫。

隐孢子虫（*Cryptosporidium*）属于球虫目原虫，广泛寄生于哺乳类、鱼类、鸟类和爬行类的家养和野生脊椎动物体内。它是一类引起哺乳动物腹泻的肠道原虫。迄今已在 68 个国家发现隐孢子虫病。隐孢子虫的卵囊可通过人类和动物排泄物进入环境。卵囊对氯气消毒的抵抗力很强，能够在经过氯气消毒处理的饮用水中存活；对人类有超常的感染力，只要饮用水或食物中存在少数卵囊，即可危害人类健康。1993 年 4 月，美国 40 万人因饮用消毒不彻底的供水而被隐孢子虫感染，死亡人数超过 100 人。

阿米巴（Amoeba）可通过粪便直接污染水体，也可以通过土壤间接污染水体。1965 年，美国佛罗里达出现一种未知疾病。夏天十几岁的青少年在湖泊或河流中游泳后，几天内即患这种疾病。其症状先是剧烈头痛，后是昏迷，死亡率很高。后来确诊，这是阿米巴感染所致的脑膜炎。由于施用粪肥，阿米巴以休眠包囊的形式存在于土壤中。当大量细菌聚集在这类包囊周围时，细菌分泌物会激活阿米巴，使其恢复感染性。湖泊和河流被有机物污染后，水体中存在大量细菌，一旦阿米巴随土壤进入水体，这些细菌就会使阿米巴从休眠状态转变为活性状态，并在水体中繁殖和聚集。阿米巴通过鼻子侵入脑膜而使游泳者致病。

4.1.2.3　水体病原菌的来源与传染

（1）水体病原菌的来源。

清洁水体中的微生物含量不高，通常 1 mL 水中含有几十至几百个细菌，并以自养型细菌为主，对人类和生态系统无害。

清洁水体经常接受来自空气、土壤、污水、垃圾、粪便、动植物残体的各种微生物，其中不乏病原菌。病原菌污染水体的主要途径是：①随气溶胶和空气降尘进入水体；②随土壤和地表径流进入水体；③随垃圾和人畜粪便进入水体；④随医院污水、养殖污水、生活污水以及制革、洗毛、屠宰等工业废水进入水体。一旦病原菌进入水体，即能以水体作为生存和传播的媒介。

（2）水体病原菌的传染。

水体病原菌的传染方式主要有：

①"接触—皮肤感染"途径。当皮肤、黏膜接触带有病原菌的污水时，病原菌感染人体接触部位。例如，接触带有葡萄球菌的水体，可造成损伤皮肤化脓。

②"饮水—肠道感染"途径。通过饮水，水中病原菌经口进入肠道，致使肠道感染。1991 年 1 月秘鲁发生霍乱暴发流行，并传播蔓延至中美洲和南美洲各国。共出现 104 万个病例，致死 9 642 人。事后流行病学调查发现，这次霍乱暴发流行的病因是饮用水消毒不彻底，其中含有霍乱弧菌。

③"水产品—肠道感染"途径。进入水体的病原菌可感染水产品，如鱼、虾、毛蚶等，当人们食用这些带菌食品时，便会被病原菌感染。1988 年上海甲肝暴发流行，临床患者累计 31 万人。事后流行病学调查发现，导致甲肝流行的原因是上海市民生食了被甲肝病毒污染的毛蚶。

4.1.3　土壤微生物污染

在自然界中，土壤具有各种微生物所需的营养物质、水分、空气、pH、温度和渗透压等条件，是微生物进行生长和繁殖及生命活动的良好环境。

一个或几个有害的微生物种群,从外界环境侵入土壤,对人类或生态健康产生不良影响的现象,称为土壤微生物污染。

4.1.3.1 土壤病原菌来源及其存活影响因素

自然土壤中存在病原菌。土壤是微生物的良好生境,也是微生物的最大贮库。土壤微生物种类众多,数量巨大,具有相对稳定的生物群落。这些微生物通过代谢活动,合成土壤腐殖质,固定大气氮素,活化土壤矿质养分,对土壤肥力具有重大贡献。但是,土壤中也存在一定种类和数量的病原菌,对人类和生态系统具有潜在危害。

在受污土壤中,病原菌增多。若不经处理而直接将人畜粪便、生活垃圾、城市污水、饲养场和屠宰场污物施入土壤,则会带入有害微生物,造成土壤微生物污染。传染性病原菌污染土壤,不仅会危害人类,影响人类健康,而且会危害植物,造成农业减产。未经消毒处理的传染病医院的污水和污物进入土壤,甚至会造成灾难性后果。

在土壤中,外来病原菌的存活时间受病原菌种类、土壤性质(如有机质和黏土含量)以及环境条件(如 pH、温度、日照等)的影响。一般而言,无芽孢细菌的存活时间为几小时至数月。芽孢细菌的存活时间显著长于无芽孢细菌,炭疽杆菌的存活期可达 60 a。病毒易被吸附于土壤颗粒内而延长存活期,冬季脊髓灰质炎病毒可存活 96 d,夏季可存活 11 d。土壤黏土含量越高,对病毒的吸附能力越大,存活期越长。低 pH 有利于病毒吸附,存活期也较长。

4.1.3.2 土壤病原菌的传染

土壤病原菌危害人类的传染方式主要有:

(1)“人—土壤—人”途径。

人体排出的病原菌直接污染土壤,或经施肥和污灌间接污染土壤,人体接触污染土壤或生吃从这些土壤上收获的蔬菜瓜果,均可被感染致病。

(2)“动物—土壤—人”途径。

患病动物排出病原菌污染土壤,使人体感染致病。炭疽病是人畜共患病,炭疽芽孢杆菌的芽孢可在土壤中存活 60 年,若将病畜尸体丢至土壤,会使人体被炭疽芽孢杆菌感染。

（3）“土壤—人”途径。

自然土壤中存在致病菌,人体接触土壤,会感染得病。土壤中存在破伤风梭菌,其芽孢长期存活于土壤中,当人体表皮受损并接触带菌土壤时,该菌会通过伤口侵入人体而导致破伤风。

土壤中的污染物主要来自工业废水和城市生活污水、固体废物、农药与化肥、大气污染物干沉降或湿沉降以及生物污染等。有相当一部分种类的污染物,如重金属和农药等很难通过土壤的自净作用降低毒性和消除危害。这些污染物在土壤中积累,会被农作物吸收,残留在植物根茎叶和果实内,通过食物链危害动物和人体健康。因此,应科学地利用污水灌溉,防治大气污染,合理使用化肥、农药,清除生物污染与科学地处理固体废物等措施防治土壤污染。

4.2　微生物与水体富营养化

由于工业污水和生活污水的大量排放及农田肥料的流失和淋溶,造成了水体的严重污染,水体的富营养化就是这种污染的明显标志。水体富营养化作用是指大量氮、磷等营养物质进入水体,使水中藻类等浮游生物旺盛增殖,从而破坏水体的生态平衡的现象。

通常,自然水体可分为富营养化和贫营养化两种主要类型,两者之间有程度不同的过渡类型。不同类型湖泊水体特征见表 4-1。

表 4-1　不同类型湖泊的主要特征

特征	贫营养湖泊	富营养湖泊
湖的形态	深,湖岸陡	浅,潮岸较平缓
水色	淡,星蓝色	浓,呈绿、蓝绿和黄色
透明度	高	低

续表

特征	贫营养湖泊	富营养湖泊
溶解氧	浓度高	昼夜相差悬殊
营养物	N<0.3 mg/L, P<0.03 mg/L	N>0.3 mg/L, P>0.03 mg/L
生物群落	种类多,数量少 主要是硅藻、壳动物	种类少,数量多 主要是蓝藻,一般缺乏底栖动物

在富营养化阶段,水中藻的种类减少而个体数猛增(表 4-2),曾测得水华铜绿微囊藻及水华束丝藻数达 1.35×10^{6} CFU/L。由于占优势的浮游藻类所含色素不同,使水体呈现蓝、红、棕、乳白等不同颜色。富营养化现象在内陆湖泊中发生者,称为水华,在海洋则称为赤潮。

表 4-2 富营养化湖与贫营养化湖中藻类的比较

比较	富营养化湖泊	贫营养化湖泊
数量	丰富	稀少
品种	较少	很多
分布	主要生长在水体表层	可生长至深层
昼夜迁移	有限	频繁
水华现象	经常发生	很少出现
主要藻类	鱼腥藻属、囊丝藻属、微囊藻属、直链藻属、脆杆藻属等	角星鼓藻属、平板藻属、小环藻属等

4.2.1 富营养化的危害

水体富营养化使藻类暴发性增殖,破坏了水体自然生态平衡,导致一系列恶果,表现在:

(1)影响自然景观。

清澈的水面、一望无底的水体,加上沙滩,是人们向往的度假和休闲的场所;水体的富营养化,可导致水体外观呈各种令人不快的颜色、变浊,透明度降低,从而将严重影响景观的观赏和娱乐价值。

(2)水中散发不良气味。

水中藻类及厌氧菌代谢活动可使有机物质厌氧分解,产生各种中间

降解产物如 CH_4、H_2S、NH_3 等气体和具气味化合物，如土腥素及硫醇、吲哚、胺类、酮类等物，使水体散出土腥味、霉腐味、鱼腥味等臭味。

（3）水中溶解氧含量下降。

由于藻类的过度繁殖，导致夜间其呼吸作用较强，致使水中的溶解氧降低，此外需氧微生物分解藻体及其他有机物也会耗去大量氧气。

（4）水生生物大量死亡。

由于水中溶解氧下降，使鱼类等水生生物窒息而死，水中藻类过度繁殖也会阻塞鱼鳃和贝类的进出水孔使之不能呼吸而死亡，水产业会遭受严重的经济损失。

（5）产生毒素威胁人畜健康。

有的藻类能产生毒类，例如在形成赤潮时某些甲藻中的沟藻会产生石房蛤毒素，其毒性很强。此类毒素可被蛤、蚌等贝类富集体内，而当人食此类毒贝后，可发生中毒症，如胃疼、呕吐等，重则可以死亡。

4.2.2　富营养化的形成

水体富营养化是水体生态演变的一个阶段，这种演变既可以是“天然的”，也可以是“人为的”。天然的水体富营养化是自然环境因素改变所导致，其过程极为缓慢，常需几千年甚至上万年。它与湖泊的发生、发展和消亡密切相关，并受地质地理环境演变的制约。一些高山、极地湖泊的富营养化大多属于天然的富营养化。

人类活动区，水体富营养化主要是在人类活动的影响下发生的。这种演替很快，可在短时期内出现。其主要作用因素是外源性的。如人为破坏湖泊流域的植被，促使大量地表物质流向湖泊；或过量施肥，造成地表径流富含营养的物质；或向湖泊洼地直接排放含有营养物质的工业废水和生活污水，均可加速湖泊富营养化。因此产生富营养化的水体主要是人群集中、工业和农业发达地区的湖泊。

4.2.2.1　水华暴发机制和主要衍生物的生态危害

氮、磷富集导致水体富营养化被认为是国际上最普遍的水环境问题。

营养盐的富集导致生态系统发生变化，但许多过程和现象的机制仍不清楚，所以蓝藻水华暴发机制和水体营养盐的富集对水生态系统的影响仍然是未来一段时间的研究热点。水华暴发主要衍生物藻毒素危及水质、生态系统及人类健康，目前主要集中在水质和微囊藻毒素生物累积调查，以及饮用水和渔产品的健康风险研究，需加强微囊藻毒素对整个水生态系统的结构与功能的影响，以及在水生生态系统各营养级水平的积累和传递作用方面的研究。而且，需要开展微囊藻毒素低剂量长期暴露对水生生物的毒理学研究，特别是野外原位条件下蓝藻水华暴发对水生生物造成的生态毒理效应研究，在分子水平上揭示其微观致毒机理，阐明其对水生生态系统的影响，建立适合我国国情的水华成灾的生态安全阈值指标体系，为控制和消除水华暴发产生的危害提供依据。同时，应关注因灌溉含有微囊藻毒素的湖水进入土壤而对土壤生态系统可能带来的影响。

4.2.2.2 藻类营养物质与水体富营养化

水体富营养化常指湖泊或水库中藻类过度生长最终导致水质恶化的现象，其表现为出现水华。水体富营养化也可以出现在缓流的江河和近海中。赤潮就是海水富营养化的表现。由藻类分泌的藻毒素由于其对水生生物和人体产生毒害作用而受到关注。

藻类原生质组成为 $C_{106}O_{110}N_{16}P$，除 C、H、O 外，藻类生长需求最多的营养元素即为氮与磷。大量使用合成洗涤剂、农作物施肥后的流失、生活污水和工业造纸、食品等废水的增加均是大量氮、磷的来源。这些废水排入水体给水中藻类带来了充足的养料，一旦其他条件适宜，即当这两种营养元素达到诱发水体富营养化的浓度（含氮量大于 0.2 mg/L，含磷量大于 0.01 mg/L）时，藻类便将旺盛繁殖。大多数内陆湖泊中，因有固氮蓝藻（蓝细菌）的作用，往往磷的含量是其富营养化形成的限制因子；而在海洋中，氮与磷同等重要。富营养化常发生在水流缓慢的水体如湖泊、河口、港湾、内海等处，而在水流湍急的河流、瀑布等水气混合的地方，不易发生富营养化。

水体富营养化可用有关参数给以指示和分类，沃伦韦德（Vollenweider）提出的参数和分类等级如表 4-3 所示。

表 4-3　沃伦韦德提出的参数和分类等级

分类等级	生产量 /($mg \cdot m^{-2} \cdot d^{-1}$)	总磷 / ($mg \cdot L^{-1}$)	叶绿素 / ($g \cdot L^{-1}$)
初级贫营养	0 ~ 136	<0.01	0.3 ~ 2.5
中等营养	137 ~ 409	0.01 ~ 0.03	1 ~ 15
富营养	410 ~ 547	>0.03	5 ~ 140

其中水体初级生产量是指 1 m^2 水面水柱中植物光合作用固定碳的质量(mg)。在光合作用中阳光被吸收产生绿色植物，可用下式简单表示：

$$106CO_2 + 16NO_3^- + HPO_4^{2-} + 122H_2O + 18H^+ + \text{微量元素} + \text{能量}$$

$$P \downarrow\uparrow R$$

$$C_{106}H_{263}O_{110}N_{16}P\left(\text{藻类}\right) + 138O_2$$

可见，绿色植物产量，或者说绿色植物固定碳的量与氧产量有关。假定水生植物光合作用的理想反应式为

$$CO_2 + H_2O \rightarrow (CH_2O) + O_2$$

则通过测定水体产生的氧量，可算出水体每天固定的碳量。水体叶绿素含量能确定该水体中绿色植物体的含量。叶绿素值大，水体绿色植物体含量多；反之，则少。叶绿素的含量测定，可通过用丙酮提取色素后测其可见光吸收率。

不少水体富营养化指标中还包括无机氮含量参数。但其规定值都远远大于总磷规定值。说明在引起水体富营养化过程中，磷的作用远远大于氮的作用。当然，不能因此而忽视高浓度氮的作用。应当指出，判断水体富营养化的指标都是统计方法得出的一般规律，所以应根据各地实际情况加以改进而应用。

4.3　微生物对环境的污染

进入环境后，每种物质都会受一种或多种微生物的作用，并产生多种多样的代谢产物。这些代谢产物一边产生，一边转化，一般处于动态平衡

之中。但在特定条件下,有些代谢产物会出现积累,造成环境污染,对人类产生致癌、致畸、致突变作用。

4.3.1 生物毒素

自1888年发现白喉杆菌毒素以后,陆续发现了许多微生物毒素,如细菌毒素、真菌毒素、藻类毒素等。

4.3.1.1 细菌毒素

(1)内毒素与外毒素。

细菌毒素是指细菌产生的能破坏或抑制其他生物的毒素。根据毒素的释放情况,可分为内毒素与外毒素。内毒素是指存在于革兰氏阴性细菌细胞内的拟脂聚糖类复合物。只有当细菌细胞溶解时,它才会被释放并产生毒害作用。外毒素是指细菌生长过程中向细胞外释放的蛋白质或含蛋白质的毒素。外毒素的毒力一般强于内毒素,但其耐高温性不及内毒素,温度升至60℃以上时,外毒素即被破坏。内毒素的环境风险较小,因为只有被释放至动物循环系统中它才会产生毒效。外毒素的环境风险较大,常见的外毒素有白喉毒素、破伤风毒素、炭疽毒素、霍乱肠毒素、肉毒素、葡萄球菌肠毒素等。

(2)肉毒梭菌与肉毒素。

在我国,植物性食品(如臭豆腐、豆酱、豆豉等)已造成多起肉毒素中毒事件。肉毒梭菌(*Clostridium botulinum*)革兰氏阳性、产芽孢、能运动、专性厌氧,广泛存在于土壤、淤泥、粪便中,能产生并分泌肉毒素。根据菌体生化反应以及毒素血清学反应,可将肉毒梭菌分为A、B、C、D、E、F和G型。其中,A、B、E和F型能引起人类中毒,C和D型能引起动物中毒,G型对人类和动物的致病性尚不清楚。肉毒梭菌可污染水果、蔬菜、鱼类、肉类、罐头、香肠等食品。一般中毒致死率为20%～40%,最高可达76.2%。

肉毒素是一种极强的神经毒素,主要作用于神经和肌肉连接处以及自主神经末梢,阻碍神经末梢乙酰胆碱释放,可导致肌肉收缩不全和肌肉麻醉。它是已知毒素中毒性最强的一种毒素。

4.3.1.2 真菌毒素

(1)真菌毒素及其致病特点。

真菌毒素是由真菌产生的毒素。目前发现的真菌毒素多达 300 种。其中,毒性较强的有:黄曲霉毒素、棕曲霉毒素、黄绿青霉毒素、红色青霉毒素 B 等。能使动物致癌的真菌毒素有:黄曲霉毒素 B_1、黄曲霉毒素 G_1、柄曲霉毒素、棒曲霉毒素、岛青霉毒素等。

真菌毒素致病具有下列特点:①中毒常与食物有关,在可疑食物或饲料中经常检出产毒真菌及其毒素。②发病有季节性或地区性。③真菌毒素是小分子有机物,而不是大分子蛋白质,它在机体中不产生抗体,也不能免疫。④患者无传染性。⑤人类、家畜、家禽一次性通过食物和饲料大量摄入真菌毒素,往往发生急性中毒;长期少量摄入真菌毒素则发生慢性中毒和致癌。

(2)黄曲霉与黄曲霉毒素。

1960 年,英国伦敦附近的某养鸡场,发生了 10 万只火鸡相继死亡的事故。追踪调查获知,作为饲料的花生粉被霉菌污染,其中含有黄曲霉毒素。

黄曲霉(*Aspergillus flavus*)是黄曲霉毒素的主要产生菌。在分离自花生和土壤的 1626 株黄曲霉中,90% 菌株能产生黄曲霉毒素 B_1。黄曲霉污染谷物、蔬菜、豆类、水果、乳品、肉类等,给食品安全带来了巨大风险。

按照毒理学标准,半致死剂量(LD_{50})低于 1 mg/kg 的毒物归入特剧毒物质。在黄曲霉毒素中,以黄曲霉毒素 B_1 的毒性最强,其半致死剂量为 0.294 mg/kg,大大低于特剧毒物质的临界值。黄曲霉毒素的毒性是氰化钾的 10 倍、砒霜的 68 倍。

动物实验证明,黄曲霉毒素是很强的致癌剂,其靶器官主要是肝脏,也可导致胃、肠、肾病变。流行病学调查获知,在食物常被黄曲霉污染且被人体摄入的地区,其肝癌发病率也显著较高。

1966 年世界卫生组织将食品中黄曲霉毒素的含量标准定为 30 μg/kg,1970 年降至 20 μg/kg,1975 年再降至 15 μg/kg。我国食品中黄曲霉毒素的含量标准是:玉米、花生油、花生及其制品不得超过 20 μg/kg;大米及食用油不得超过 10 μg/kg。其他粮食、豆类、发酵食品不得超过 5 μg/kg；婴儿代乳食品不得检出。

预防黄曲霉毒素的主要措施：

①在作物的储运加工过程中，通过降低农产品的含水量、降低仓储环境的相对湿度、充 CO_2 降低氧量、使用化学药剂等手段防止霉菌的污染和生长。

②通过机械或手工拣除染菌的籽粒；或通过精制、淘洗的方法，降低食品中黄曲霉毒素的含量。

③用活性炭过滤吸附法去除被黄曲霉毒素污染的液体食品中的毒素。

④利用强碱或氧化剂处理有毒食品。

4.3.1.3 藻类毒素

甲藻是赤潮中经常检出的藻种，甲藻素能在短时间（2 ～ 12 h）内使人致死。盐类、醇类可削弱甲藻素的毒力，但至今没有找到有效的解毒药品。甲藻素可积累至贻贝及蛤体中，人食之即中毒。赤潮发生时，贻贝可吸收甲藻素并蓄积于内脏中；赤潮过后，两周内蓄积的甲藻素逐渐消失；蛤可吸收甲藻素并蓄积于呼吸管中，赤潮过后一年仍不消失。

蓝细菌中研究较多的仅有三个属中的某些种，即微囊藻属、鱼腥藻属和束丝藻属所产的毒素。如铜锈微囊藻所产毒素为一种小分子环肽化合物，称微囊藻快速致死因子（Microcystis FDF）。

当蓝细菌在水华过后大量死亡时，其所含毒素释放至环境中，引起鱼类、水鸟等水生生物中毒死亡。蓝细菌毒素可引起皮炎、肠胃炎、呼吸失调等症状，但不致死人类。

4.3.2 酸性矿水

黄铁矿、斑铜矿等含有硫化铁。矿山开采后，矿床暴露于空气中。由于化学氧化作用，矿水酸化，pH 降至 4.5 ～ 2.5，称之为酸性矿水。在此酸性条件下，只有耐酸菌（如氧化硫硫杆菌和氧化硫亚铁杆菌）能够生存。经过这些细菌作用，矿水酸化加剧，有时 pH 降到 0.5。这种酸性矿水随雨水径流，或渗漏至地下，或顺河道下流，可破坏生态系统，毒害鱼类，影响人类的生产和生活。

矿水酸化以及耐酸细菌的作用过程为：

①经自然氧化（化学氧化）黄铁矿（FeS_2）生成硫酸亚铁和硫酸：

$$2FeS_2+7O_2+2H_2O \longrightarrow 2FeSO_4+2H_2SO_4$$

②氧化硫亚铁杆菌与氧化亚铁杆菌将硫酸亚铁氧化为硫酸高铁：

$$4FeSO_4+2H_2SO_4+O_2 \longrightarrow 2Fe_2(SO_4)_3+2H_2O$$

③硫酸高铁与黄铁矿作用，产生更多硫酸：

$$FeS_2+7Fe_2(SO_4)_3+8H_2O \longrightarrow 15FeSO_4+8H_2SO_4$$

第 5 章　微生物对环境保护的作用

微生物具有不同于其他生物的特性，在环境污染物防治中发挥着巨大的作用。微生物对污染物的降解与转化是污染处理和净化的基础，自然环境中的有机化合物受到物理的、化学的和生物的作用而降解转化。具有紫外线吸收峰的化合物，能吸收短波长的太阳光而被光分解；水体及土壤中的污染物可通过氧化还原作用发生化学降解；动物、植物和微生物能分解各种有机物。自然界化学物质的降解虽然常常是多种方式综合交叉进行的，但其中与微生物降解作用的关系最大，如果采用适当方法创造适宜于微生物生长的环境，则会促进有机物降解与转化的速度。

5.1　微生物的降解能力及影响因素

微生物降解环境污染物的能力是其作为分解者分解环境中有机物能力的扩展与延伸，其在环境保护中的作用则是其在生态环境中生态功能的模拟、强化与跃升。微生物以其在生态环境中的广泛分布、营养和代谢类型多样、遗传基因多样及易于变异而在降解环境污染物中发挥重要作用。以微生物为主的技术已在污水、固体废弃物、废气处理与污染环境的修复中起主要作用。生物技术的进步还会使这种作用得到进一步提升。此外微生物与植物的共生可以提高植物的生存能力，因而在退化生态系统修复中发挥重要作用。

5.1.1　微生物具有生物降解的巨大潜力

环境中有各种污染物,其中大量的是有机物。微生物在漫长的进化过程中已形成对自然有机物的巨大分解能力,其在已有的巨大分解能力基础上能进化出对新的有机污染物的降解能力。有些微生物种属能以多种有机物作为碳源和能源,也有些特殊种类的微生物要求特定的碳源或唯一碳源。

人工合成的有机物,如农药、除草剂等是自然生态演替过程中的新生物质。对微生物而言,这些陌生物质因为具有极强的化学稳定性而难以降解,大量的有机污染物(其结构与自然界化合物不同)进入环境是对微生物适应进化能力的一次机遇与挑战,在新的选择压力下微生物又进化出新的降解能力。微生物具有多样的降解有机污染物的方式。微生物对污染物的生物降解一般都是专一性的酶促反应。但在不能进化出专一性酶的条件下,微生物也具有非专一性的降解能力。木质素及其类似物就是这方面的例子,由于其结构无定型,微生物无法进化出像降解纤维素那样的特异性降解酶,转而通过依赖过氧化氢、过氧化物酶与 H_2O_2 反应产生氧自由基氧化基质这种非专一性的氧化分解方式。此外,微生物也还可以共代谢方式降解污染物。

微生物具有得天独厚的降解条件。微生物具有体积小、比表面积大、生长繁殖快、分布广泛、代谢类型多样、变异适应能力强、种类数量大、迁移能力强诸多方面的形态结构、生理遗传优势,可使微生物发挥其降解潜力。生物降解作用的进一步强化也能把物质降解的速率提高到一个更高的水平。

5.1.2　影响微生物降解的主要因素

5.1.2.1　微生物的代谢性

微生物自身的代谢能力是污染物降解与转化的最主要因素,包括微生物的种类和生长状况等方面。不同种类微生物对同一有机底物或化学物质有不同的反应。在进行污水脱氮的活性污泥工艺中,微生物种类及数量非常多,有好氧菌、厌氧菌,有原生动物和微型后生动物,均对污染物的降解起到一定的作用,而完成脱氮过程的主要是硝化细菌及反硝化细菌,如果此类细菌数量少,脱氮效果明显降低。另外,菌株的抗逆性也有很大差异,如大部分放线菌、含芽孢菌可抵抗恶劣环境,而产甲烷菌和某些真菌的抗逆性很弱。

5.1.2.2 微生物的适应性

一方面,环境因素及化学底物与微生物的种类和数量密切相关。在一些特殊环境中,某种微生物占优势,主要是因为环境中存在能被这种微生物代谢的化学物质。如在石油污染环境中,烃类降解菌成为优势菌种,这是自然富集的结果。微生物的种类组成除与底物有关外,也随温度、湿度、酸碱度、氧气和营养供应以及种间竞争等的改变而改变。

另一方面,微生物具有较强的适应和被驯化的能力。微生物可通过诱导产生相应的酶系降解污染物或发生变异等方式适应新的环境,某些具有降解质粒的细菌也可以起到降解作用,质粒也可以被诱导产生,微生物通过进行自我调节,来降解转化污染物。微生物群落结构向着适应于新的环境条件方向发生变化。

为了获得具有较高耐受力和代谢活性的菌株,常常通过人工措施使微生物逐步适应某特定条件,用于废水、废物的净化处理或有关科学实验中。驯化(Domestication,定向培育)就是普遍用于定向选育微生物的方法与过程,用某一特定环境条件长期处理某一微生物群体,同时不断将它们进行移种传代,以达到累积和选择合适的自发突变体的一种古老的育种方法。

5.1.2.3 降解遗传信息的分布

微生物降解有机污染物,特别是降解那些难降解有机污染物的途径十分复杂多样,新降解基因的形成过程十分曲折,因此,其降解遗传信息(降解基因)在染色体、质粒中的分布也是多种多样的。一般有 3 种情况:

①对易降解的有机污染物,其降解酶是由位于染色体上的基因编码的;②对难以降解的有机污染物,一般前半部分的降解由质粒上基因编码酶进行;③难降解化合物,前半部分的降解有时也会由质粒和染色体的基因编码酶共同完成,而后半部分的降解过程则由染色体基因编码酶进行。带有降解基因的质粒称为降解性质粒。

5.1.2.4　微生物降解能力的遗传进化

面对环境有机污染物(主要是异生物源有机物),微生物可以进化出对它们的降解能力,科学家在许多难降解污染物(如 DDT)进入生态环境许多年后分离出可以将其作为唯一碳源生长的微生物,这是降解能力遗传进化的最有力证据。此外许多降解菌株带有功能相同的降解质粒,而且这些质粒有明显的 DNA 同源性,其代谢调控也有相似性。微生物对许多结构类似的化合物(如氯代芳烃类化合物)的代谢降解过程都存在一条中心代谢途径,这可以说明这些化合物的降解进化是围绕这条中心途径水平、垂直扩展后完成的。

大量的实验研究和理论分析表明基因突变、接合作用、转化转座等产生新基因和基因转移、基因重组过程可以导致遗传进化。通过转座作用导入外源 DNA 片段发生重组整合形成新降解基因尤其受到关注。

降解能力遗传进化的方式主要是产生一个或多个新的降解基因并由此使已有的降解途径得以延伸,从而形成降解能力。例如 2,4-D 农药的降解仅需进化出降解第一步的 2,4-D 双加氧酶基因即可。

5.1.2.5　降解反应和降解途径

发生在自然界的有机物的氧化分解过程也见于污染物的降解,主要包括氧化反应、还原反应、水解反应和聚合反应。有机污染物的降解途径复杂多样,不同的微生物可以以不同途径降解同一污染物,同一微生物在不同的条件下也可能展现出不同途径。但总体上说是一大类有机污染物的降解存在以中心代谢产物为代表的中心途径和旁支途径,如芳香烃化合物经不同的降解过程形成中心代谢产物儿茶酚或取代儿茶酚,它们再经邻位或对位裂解,而后产生丙酮酸等有机酸,再进入三羧酸循环被彻底降解，儿茶酚、取代儿茶酚以后的途径可以认为是中心途径，而前面的则为旁支途径。这是因为一种新污染物的降解途径实际上是已经形成的降解途径的扩展和延伸。

5.1.2.6 生物降解性的测定及归宿评价

环境污染物降解是一个十分复杂的过程，研究者可以按所选择的不同的终点，采用不同方法来测定环境污染物的生物降解性。测定一种化合物的生物降解性，构建实际测定系统除了要有目标化合物外，必须充分考虑 4 个方面的要素：①降解微生物及其对污染物的可接受性；②降解系统的组成；③检测终点；④实际测定的环境条件。生物降解系统都是目标化合物和上述 4 种要素的组合，一般来说都是一种模拟试验。从降解微生物选择及降解环境系统来说有微生物方法和环境方法，前者通常使用纯培养在最适条件下研究化合物的降解，后者着眼于化合物在受污染水体和土壤中混合微生物对化合物的降解。基于终点的测定方法包括母体化合物的消失测定、氧消耗测定、脱氢酶活性测定、ATP 量测定、总有机碳测定、CO_2 产生量测定、活性污泥中挥发性物质测定、专一性 $^{14}CO_2$ 测定。基于有机物降解难易的测定方法有易于生物降解化合物的降解试验、潜在生物降解化合物潜在降解性测定、厌氧条件下的生物降解试验。

生物降解性测定结果可以得到一种化合物环境归宿的定量目标，说明其在大气、土壤、沉积物或水体中的分布。化合物负荷、迁移等参数结合测定结果，应用评价数学模型就能对化合物在环境中的归宿做出评价。

5.1.2.7 有机物结构与生物降解性

有机物结构是决定化合物降解性的主要因素，一般一种有机物其结构与自然物质越相似，就越易降解；结构差别越大，就越难降解。具有不常见取代基和化学结构使部分化学农药难于生物降解而残留，塑料薄膜因分子体积过大而抗降解，造成白色污染。而部分基因也具有促进生物降解作用，化合物的分子结构对一种化合物的生物活性（包括生物降解性、生物毒性等）起决定作用，化合物分子结构的信息和生物降解性具有明显的定量相关关系，由此研究人员已经发展出以分子结构为基础的预测化合物降解性的预测用降解数学模型，利用模型可以根据分子构成特征预测化合物的生物降解性，从而可以进行风险、归宿评价，并为进一步设计环境安全的化合物服务。

5.1.2.8　生物降解作用的强化

生物降解作用的强化提高是生物降解中的重要研究课题，提高生物降解能力的方法包括：①群体降解能力的提高，如向环境投入营养物，从总体上提高降解活性；②种群降解能力的提高，包括生理层面的驯化适应，遗传层次的修饰和改造；③降解酶的酶工程改造，扩大酶底物范围，提高降解能力。

5.1.2.9　影响生物降解的环境因素

凡是影响酶促反应的一切环境因素都必然会影响生物降解反应过程及效率，如温度、酸碱性、营养、溶氧量等。

（1）温度。

微生物生长的温度范围为 −12 ~ 100 ℃，大多数微生物生活在 30 ~ 40 ℃。根据微生物对温度的依赖，可以将它们分为嗜冷的（<25 ℃），中温（25 ~ 40 ℃）以及嗜热的（>40 ℃）。在海水中温度低到 0 ~ 2 ℃时也能发生烃类的生物降解。

化合物的生物降解过程实际上是微生物所产生的酶催化的生化反应，温度对控制污染物的降解转化起着关键作用。夏季温度升高，适宜大多数中温微生物生长，活性污泥生长速度快，水处理效果好，冬季则明显变慢，例如冬季活性污泥脱氮效果普遍较差是典型的例子。

生物反应速率在微生物所能容忍的范围内随着温度的升高而增大，这可由图 5–1 得到说明。

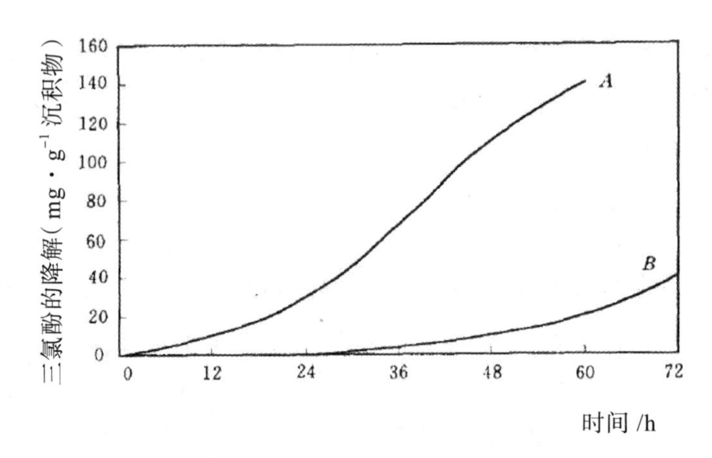

图 5-1　两种温度下三氯酚降解的量

（A—22℃，B—10℃，两种温度的起始浓度均为 2.5 μg/g 沉积物）

这是一个化合物在两个温度下的降解情况，其关系可以用 Arrhenius 方程式来描述：

$$y = Ae^{-E_a/RT}$$

式中，y 为温度校正生物降解速率；A 为反应的起始速率；E_a 为反应活化能；R 为通用气体常数；T 为绝对温度。

反应速率和温度之间的关系可能受其他因素的影响而有所变化。例如，尽管在冬季温度较低，但是水流速的上升和降低可能改变微生物主群密度，从而改变生物降解速率。同时温度和其他因素之间的关系也是密切的，尤其是在土壤中，潮湿土壤的传热性能更好，因而在一定深度内，其温度梯度要比干燥土壤小，微生物降解污染物的活性沿土壤深度的变化不大。

（2）湿度。

在土壤中，湿度是一个重要的环境因素。首先它控制氧的水平，当水所充满的微孔大于 80% 时，即气体所充满的微孔低于 20% 时，土壤就从好氧条件转化成为厌氧条件。其次，大多数微生物都需要水分，它们在干性条件下不能生存，在有水分的情况下代谢活性增加。

（3）酸碱度。

各种微生物，都有其生长和繁殖的最适 pH 范围。一般来说，细菌和放线菌更喜欢中性至微碱性的环境，酸性条件有利于酵母菌和霉菌生长。

也就是说，pH 条件合适时，微生物生长繁殖速度快，代谢能力强。

（4）营养。

微生物生长需要充足的碳源、氮源、无机盐、生长因子及水。如果营养成分缺乏，微生物的生长繁殖及污染物的降解转化就会受到极大限制。

（5）氧。

溶解氧的含量会影响微生物降解转化污染物的过程及速度。好氧微生物需要 O_2，O_2 缺乏降解速度会受限制；相反，O_2 对厌氧微生物生长、降解、代谢产生抑制甚至导致微生物死亡。

（6）沉积物。

沉积物在水体有机污染物生物降解中的重要性是作为营养的来源和微生物群体的栖息地。在自然界中，大量微生物的生命活动都是在某些界面上发生的。沉积物颗粒可以富集养分，并充当养分的缓冲剂，因而能够促进微生物的生长。碎屑和黏土颗粒能提高微生物的活性。在马萨诸塞州海滨的淡水池和盐水池以及盐沼中，同颗粒结合的细菌不到总量的 10%，但它们对异养生物活性的贡献却大于 40%。

某些黏土矿物能够促进细菌对甲烷的氧化作用，而某些非黏土无机颗粒却能抑制氧化作用。

5.2　微生物对环境污染物的降解与转化

环境中污染物的类型是多种多样的，因此，微生物对物质的降解过程也是十分复杂的。下面主要介绍微生物对生物大分子、常见有机污染物和人工合成有机污染物的降解过程。

各种工农业生产废水及生活污水，含有糖类、蛋白质、脂类等大分子有机物，通常易被微生物降解，但会消耗水体中大量的溶解氧，给环境带来严重危害。复杂有机质生物降解的具体途径受各种因素的影响各不相同。

5.2.1 糖类、木质素和脂类等含碳有机物的生物降解

5.2.1.1 多糖类的生物降解

多糖是多个单糖缩合而成的高分子化合物,如纤维素、淀粉、原果胶、半纤维素等。它们被微生物分解时,一般要经相应的胞外酶把它们水解成单体,然后由胞内酶做进一步的降解。

(1)纤维素的生物降解。

纤维素是植物细胞壁的主要成分,占植物残体和有机肥料干重的35% ~ 60%。纤维素是葡萄糖的高分子缩聚物,由 1 400 ~ 10 000 个葡萄糖分子经 β-1,4- 糖苷键结成直的长链,性状稳定。只有在产纤维素酶的微生物作用下,才被分解成简单的糖类。

纤维素酶是诱导酶,包括许多不同的酶类,大致可分为三种:C_1 酶、β-1,4- 葡聚糖酶和 β- 葡萄糖苷酶。

(2)淀粉的生物降解。

葡萄糖聚合而成的大分子有机物,有直链淀粉和支链淀粉两种。直链淀粉中的葡萄糖以 α-1,4- 糖苷键连接;支链淀粉有分枝,除 α-1,4- 糖苷键外,在直链与支链交接处,以 α-1,6- 糖苷键连接。

水解淀粉糖苷键的一类酶统称淀粉酶,主要有 4 种:

① α- 淀粉酶,是内切酶,切割 α-1,4- 糖苷键,主要生成糊精、麦芽糖和少量葡萄糖。

② β- 淀粉酶,为外切酶,从链的一端进行切割。每次切下两个葡萄糖单位,亦即生成麦芽糖。

α- 淀粉酶和 β- 淀粉酶都不能水解 α-1,6- 糖苷键,因此水解产物都可能有糊精生成。

③异淀粉酶,主要作用于直链与支链交接处的 α-1,6- 糖苷键,生成糊精。

④糖化淀粉酶,每次切下一个葡萄糖分子。

淀粉在各种酶的共同作用下,可完全水解成葡萄糖。细菌、放线菌、霉菌中均有分解淀粉的种属菌株。

（3）半纤维素的生物降解。

半纤维素是由多种五碳糖、己糖及糖醛酸组成的大分子。半纤维素有两大类：①同聚糖，仅由一种单糖组成，如木聚糖、半乳聚糖或甘露聚糖；②异聚糖，由一种以上的单糖或糖醛酸组成。

微生物对半纤维素的分解比分解纤维素快，细菌、放线菌、真菌的一些种能分解半纤维素。芽孢杆菌属中的某些种能分解甘露聚糖、半乳糖、木聚糖等；假单胞菌能分解木聚糖；真菌中许多种属菌株能分解阿拉伯木聚糖和阿拉伯胶。

（4）果胶质的转化。

果胶质是其羟基与甲基酯化形成的甲基酯，由 D- 半乳糖醛酸通过 α-1，4- 糖苷键构成的直链高分子化合物。

果胶在天然状态下不溶于水，称原果胶，在原果胶酶的作用下，水解成可溶性果胶和多缩戊糖：

$$\text{原果胶} + H_2O \xrightarrow{\text{原果胶酶}} \text{可溶性果胶} + \text{聚戊糖}$$

$$\text{可溶性果胶} + H_2O \xrightarrow{\text{果胶甲基酯酶}} \text{果胶酸} + \text{甲醇}$$

$$\text{果胶酸} + H_2O \xrightarrow{\text{聚半乳糖酶}} \text{半乳糖醛酸}$$

半乳糖醛酸进入细胞内，产物有聚戊糖、果胶酸，在好氧条件下经糖代谢途径被彻底分解为 CO_2 和 H_2O 并释放出能量。

分解果胶的微生物主要有好氧细菌中的枯草芽孢杆菌（*Bacillus subtilis*）、多黏芽孢杆菌（*B.polymyxa*）以及假单胞菌的一些种。

5.2.1.2　木质素的生物降解

木质素大量存在于植物木质化组织的细胞壁中，其含量比纤维素、半纤维素略少。木质素的结构十分复杂，是苯的衍生物，常与多糖类结合在一起，如苯丙烷（$-CH_2CH_2CH_3$）和松柏醇（$CH=CHCH_2OH$、$-OCH_3$、OH）。

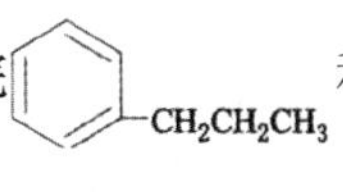

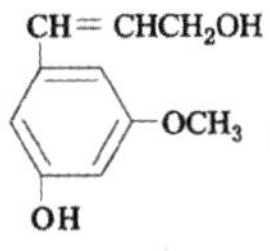

木质素是植物残体中最难分解的组分，在自然环境或污水处理过程中，木质素被降解成芳香族化合物之后，再由细菌、放线菌、真菌等继续进行分解。据报道，玉米秸进入土壤后 6 个月木质素仅减少 1/3，分解木质

素的微生物以真菌中的担子菌类能力最强，另外，交链孢霉、曲霉、青霉中的一些真菌，放线菌中的假单胞菌以及细菌中的许多种属也能分解木质素。

5.2.1.3 脂类的生物降解

动、植物残体内的脂类物质主要有脂肪、类脂质和蜡质等。它们的脂类因分子结构的繁简降解速度各不相同。生物降解途径一般如下：

$$脂肪+H_2O \xrightarrow{脂肪酶} 甘油+高级脂肪酸$$

$$类脂质+H_2O \xrightarrow{磷脂酶类} 甘油(或其他醇类)+高级脂肪酸+磷酸+有机碱类$$

$$蜡质+H_2O \xrightarrow{酯酶类} 高级醇+高级脂肪酸$$

脂类物质水解产物中的甘油，能被环境中绝大多数微生物用作碳源和能源，迅速氧化为 CO_2 和 H_2O。脂肪酸则通过氧化，先分解成多个乙酰 CoA，最终经三羧酸途径彻底氧化成 CO_2 和 H_2O，但在通气不良条件下脂肪酸不易分解而常有积累。

分解脂类物质的微生物主要是需氧性种类，如假单胞菌、分枝杆菌、无色杆菌、芽孢杆菌和球菌等，而放线菌、霉菌中也有许多种能分解脂类。

5.2.2 烃类化合物的生物降解

烃类包括烷烃类、烯烃类、炔烃类、芳烃类、脂环烃类，石油中最主要的成分是烃类。大多数生物体也能合成多种烃类物质，除大量的脂肪和动、植物油外，如叶子表面的蜡质是烃类，高等植物、藻类和光合细菌合成的类胡萝卜素是一类不饱和烃，昆虫表皮和哺乳动物皮肤分泌物中含有烃类，微生物含有的类脂质中有长链烷烃。因此，动、植物和微生物残体，是环境中烃类化合物的又一重要来源。此外，在沼泽、水田、污水、反刍动物瘤胃等环境中，还发生着微生物对有机物厌氧分解、产生甲烷的过程。据统计，地球上含碳有机物总量的 4.5% ~ 5.0% 通过厌氧分解被转变成甲烷。

5.2.2.1　烷烃的生物降解

对烷烃的分解一般过程是逐步氧化，生成相应的醇、醛和酸，而后经 β- 氧化进入三段酸循环，最终分解为 CO_2 和 H_2O。以下分别介绍甲烷、乙烷、丙烷、丁烷以及高级烷烃类的氧化。最常见的氧化是烷烃末端的甲基氧化，或两端甲基氧化形成二段酸，次末端氧化成酮类。

（1）能氧化甲烷的微生物大多是专一的甲基营养型细菌。

甲烷氧化的途径如下：

$$CH_4 \longrightarrow CH_3OH \longrightarrow HCHO \longrightarrow HCOOH \longrightarrow CO_2$$

由甲烷到甲醇的氧化涉及一个单氧酶系统，末端甲基氧化过程通式为：

$$\begin{aligned} CH_3\cdot(CH_2)_n\cdot CH_3 &\longrightarrow CH_3\cdot(CH_2)_n\cdot CH_2OH \\ &\longrightarrow CH_3\cdot(CH_2)_n\cdot CHO \\ &\longrightarrow CH_3\cdot(CH_2)_n\cdot COOH \\ &\xrightarrow{\beta-\text{氧化}} CH_3\cdot(CH_2)_{n-2}\cdot COOH + CH_3COOH \end{aligned}$$

（2）乙烷、丙烷、丁烷的氧化可通过某些靠甲烷生长的细菌进行共氧化，此外也有专一的分解乙烷、丙烷等的微生物。

（3）高级烷烃类的起始氧化有 3 种可能的途径：①生成羧酸；②生成二羧酸；③生成酮类。

主要有两类细菌进行上述反应，一类为食油假单胞菌（*Pseudomonas oleovorans*），另一类为棒状杆菌属的一种。

5.2.2.2　烯烃类的生物降解

烯烃是在分子中含有一个或多个碳碳双键的烃。烯烃的生物降解速率与烷烃相当。图 5-2 以单烯为代表，好氧条件下的降解步骤包括对末端或亚末端甲基的氧化攻击，攻击方式如同烷烃。

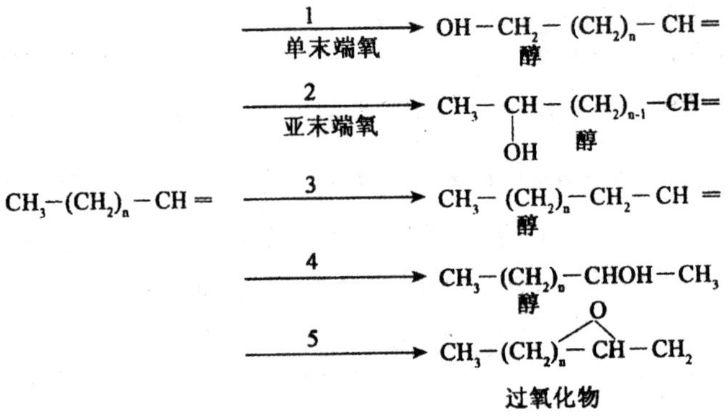

$CH_3-(CH_2)_n-CH=$

1 单末端氧 → $OH-CH_2-(CH_2)_n-CH=$ 醇

2 亚末端氧 → $CH_3-CH(OH)-(CH_2)_{n-1}-CH=$ 醇

3 → $CH_3-(CH_2)_n-CH_2-CH=$ 醇

4 → $CH_3-(CH_2)_n-CHOH-CH_3$ 醇

5 → $CH_3-(CH_2)_n-CH(O)CH_2$ 过氧化物

图 5-2 烯烃的生物降解

5.2.2.3 芳烃类的生物降解

芳香烃化合物在不同程度上可被微生物分解。有些微生物种群以芳烃类化合物为唯一碳源和能源进行代谢。已发现荧光假单胞菌、铜绿假单胞菌、甲苯杆菌、芽孢杆菌、诺卡氏菌、球形小球菌、无色杆菌、分枝杆菌、菲芽孢杆菌巴库变种、菲芽孢杆菌古里变种、小球菌及大肠埃希菌等都能分解酚、苯、甲苯、菲等。

(1)苯。

苯是芳香烃的基本结构,多环芳烃降解最终也要经历到苯,并进一步转化,最终完全降解。苯经儿茶酚的降解过程如图 5-3 所示。

(2)多环芳烃。

多环芳烃的生物降解过程十分复杂,一般来说二环(如萘)、三环的多环芳烃(如蒽、菲)研究得较为广泛深入,而更复杂的多环芳烃,如 chrysene 和 benzola pyrene 研究得相对较少,较不深入。

①萘。

二环萘的降解机制如图 5-4 所示。

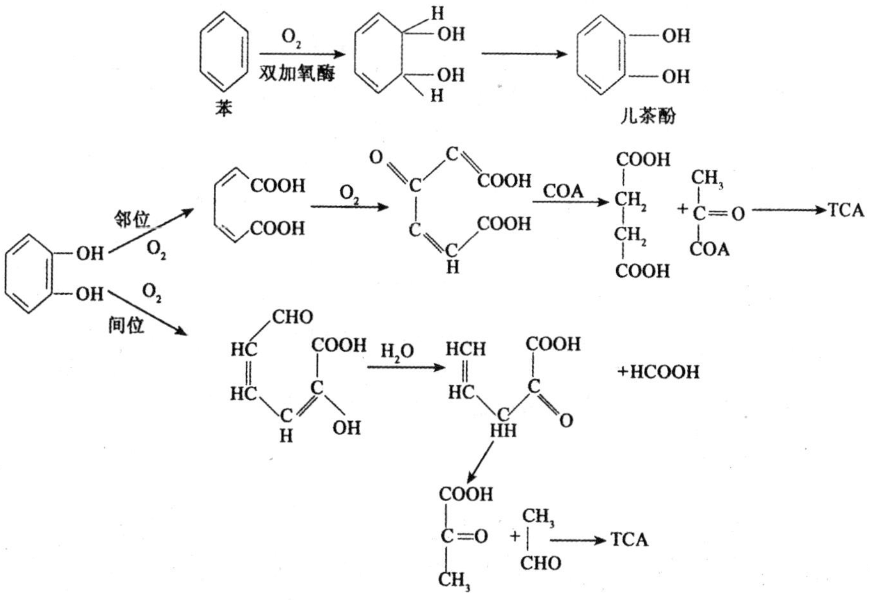

图 5-3　苯经儿茶酚的降解过程

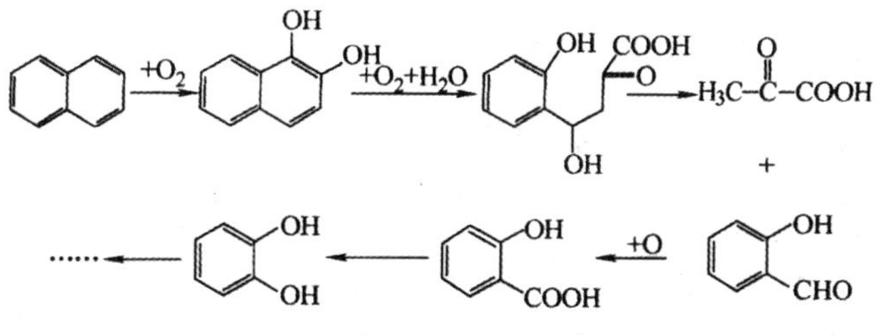

图 5-4　二环萘降解机制

②蒽。

铜绿假单胞菌（*Pseudomonas aeruginosa*）在好氧条件下降解三环蒽的途径如图 5-5 所示。

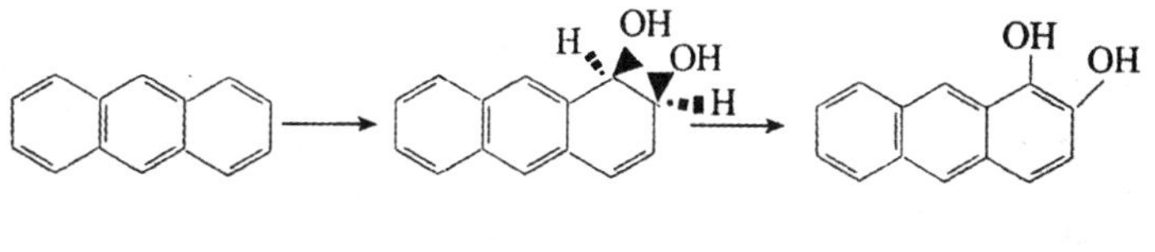

蒽顺式 -1，2- 二氢二醇

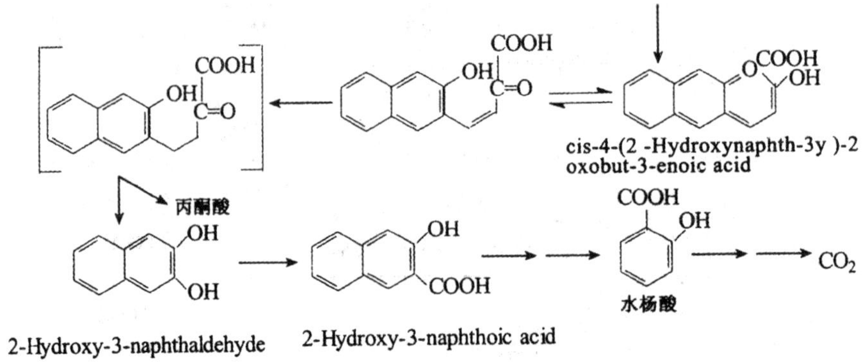

图 5-5　铜绿假单胞菌等细菌代谢三环蒽的途径

③菲。

三环菲的生物降解途径与蒽相似，假单胞菌能代谢降解菲（图 5-6）。此外，白腐真菌也能降解菲（图 5-7）。在菲第一阶段的分解代谢中起作用的酶有细胞色素 P450 单加氧酶和开环酶。雅致小克银汉霉（*Cunninghamella elegans*）代谢菲形成菲 trans-1，2-，trans-3，4- 和 trans-9，10-dihydrodiols 和一种糖苷复合物（glucoside conjugate）（图 5-8）。

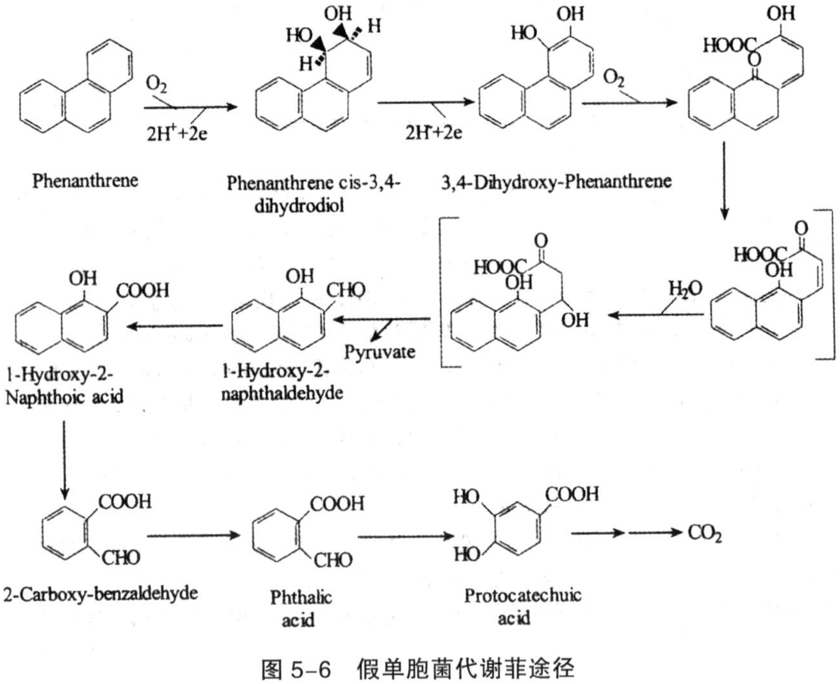

图 5-6　假单胞菌代谢菲途径

O_2
细胞色素P450
H_2O
环氧水解酶
H
OH
OH H
菲
9,10–环氧菲
反–9,10–二氢二醇菲
CO_2
COOH
COOH
开环酶
O
O
OH
OH
2,2′–联苯甲酸
9,10–菲醌
9,10–二羟菲

图 5–7　白腐真菌降解菲的途径

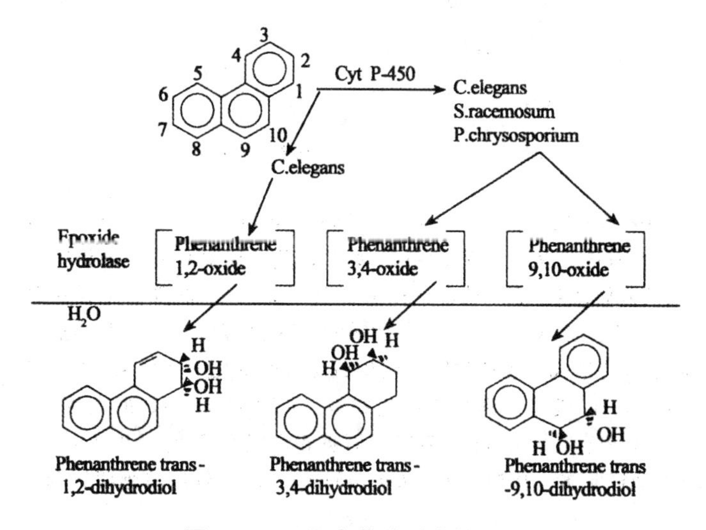

图 5–8　不同真菌种对菲的代谢

④芘。

四环的芘(pyrene)可被分枝杆菌降解产生 CO_2,中间代谢产物包括芘顺式 -4,5 二氢二醇、4- 菲苯酸、苯二甲酸、肉桂酸以及反式 - 二氢二醇。此外还有一些其他代谢芘的途径,这些途径综合起来如图 5–9 所示。

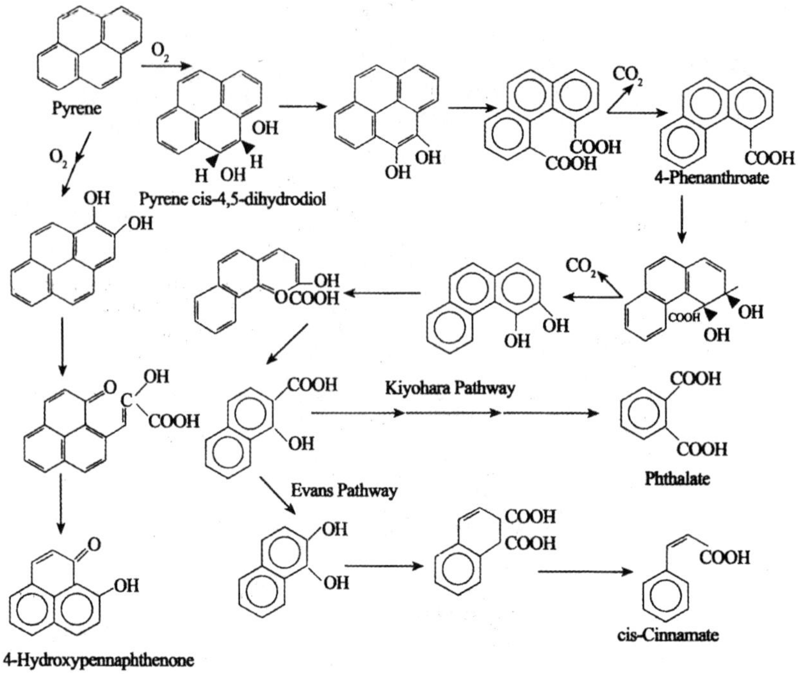

图 5-9　分枝杆菌菌株 PyRI 代谢芘的途径

近年来,对四环以上 PAHs 的微生物降解研究极为重视。已经分离到的降解菌包括脱氮产碱杆菌、红球菌、白腐真菌、假单胞菌和分枝杆菌等。降解过程有多种途径,微生物的酶催化可发生在不同的位点。图 5-10 显示苯并 [*a*] 蒽降解的初始步骤。

由上述介绍可知, PAHs 的降解取决于微生物产生加氧酶的能力,这些酶对 PAHs 有特异性,因此常常需要多种微生物来降解 PAHs。

(3)苯酚和甲酚。

苯酚和甲酚都是简单的带取代基的苯类衍生物。苯酚经微生物单加氧酶(monoxygenase)氧化转变为邻苯二酚,邻苯二酚沿邻位裂解途径生成 β- 酮基己二酸,然后生成乙酰 CoA 和琥珀酸,最后进一步氧化成 CO_2 和 H_2O,反应过程如图 5-11 所示。甲酚的降解途径如图 5-12 所示。

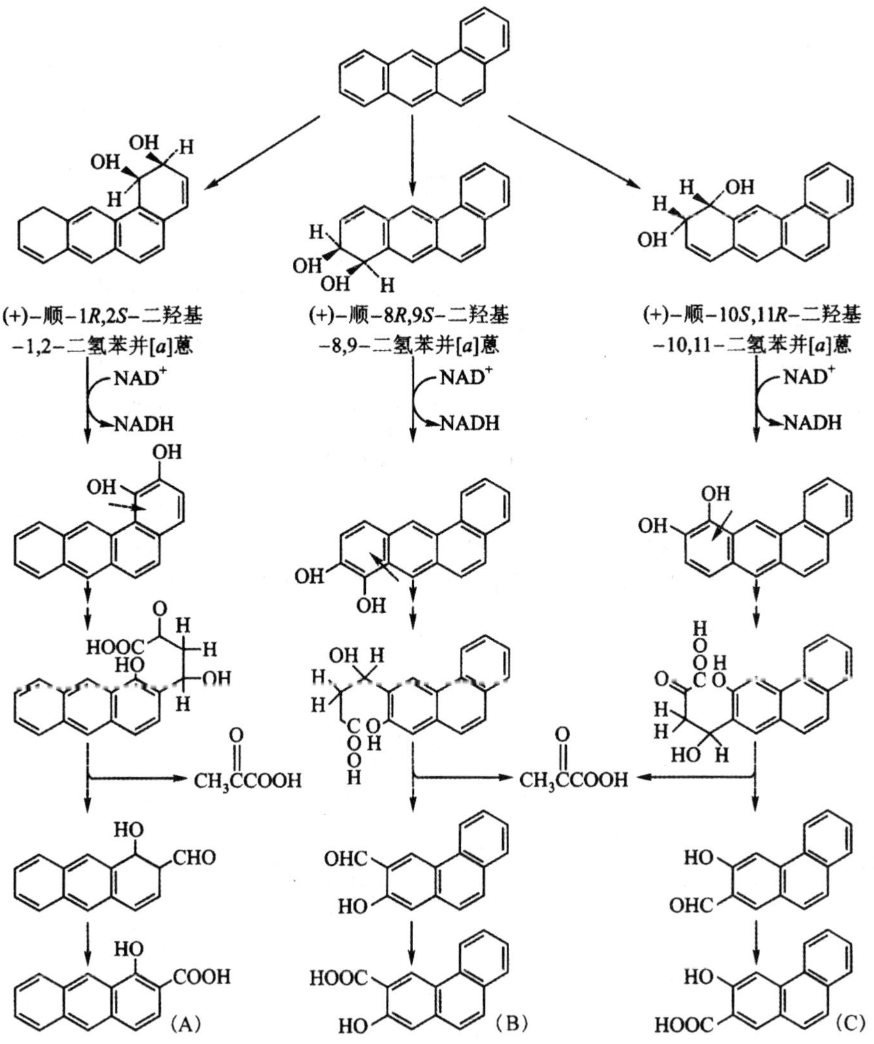

(+)-顺-1*R*,2*S*-二羟基-1,2-二氢苯并[*a*]蒽

(+)-顺-8*R*,9*S*-二羟基-8,9-二氢苯并[*a*]蒽

(+)-顺-10*S*,11*R*-二羟基-10,11-二氢苯并[*a*]蒽

NAD^+

NADH

$CH_3COCOOH$

(A)　(B)　(C)

图 5-10　拜耳林克氏菌对苯并 [*a*] 蒽降解的初始步骤

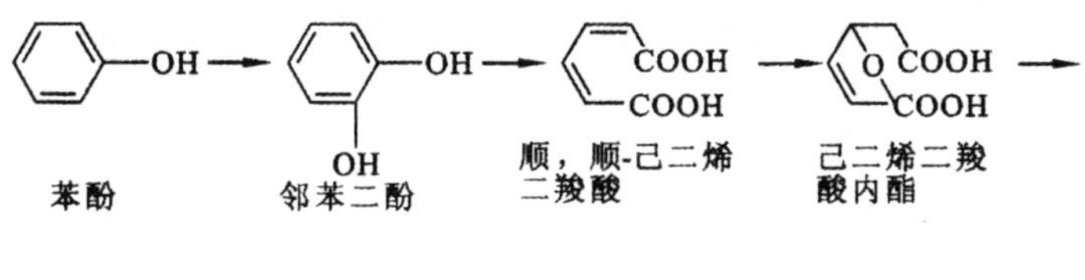

苯酚 → 邻苯二酚 → 顺，顺-己二烯二羧酸 → 己二烯二羧酸内酯 →

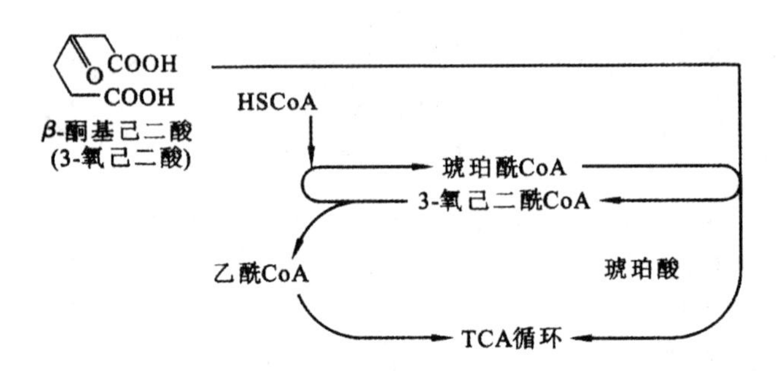

图 5-11　苯酚的降解途径

图 5-12　甲酚的好氧生物降解途径

（4）苯乙烯。

苯乙烯的好氧降解主要有两个途径：一个途径是以乙烯基侧链的氧化开始；另一个途径是芳香环的直接氧化。细菌降解苯乙烯的主要途径如图 5-13 所示。

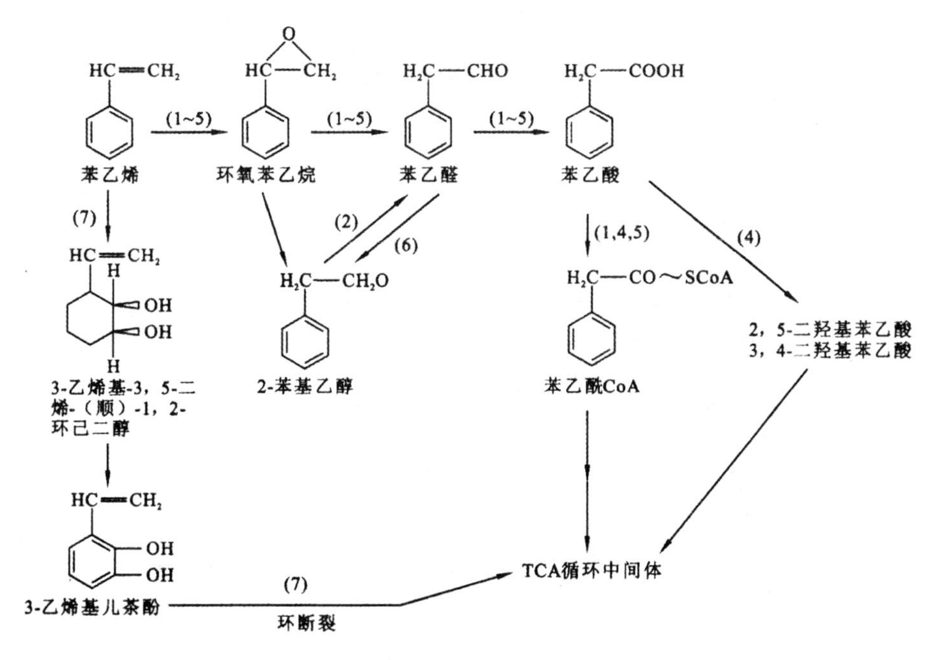

图 5-13　细菌降解苯乙烯的主要途径

（图中的数字标明了能进行此代谢步骤的微生物）

1—*P.putida* CA-3；2—*Xanthobacter* strain 124X；

3—*Xanthobacter* strain S5；4—*P.fluorescens* ST；

5—*Pseudomonas* sp.strain Y2；6—*Corynebacterium* strain ST；

7—*Rhodococcus rhodochrous* NCIMB 13259

（5）二氯代苯和五氯苯酚。

氯代芳香烃化合物是最常见的带取代基的芳烃化合物。二氯代苯和五氯苯酚是常见的氯代芳香烃化合物，它们的降解途径如图 5-14 所示。

大量研究表明许多氯代芳烃化合物在厌氧下更易于生物降解，特别是还原脱氯是许多氯代化合物在厌氧条件首先发生的降解过程。五氯酚在厌氧条件的降解过程如图 5-15 所示。

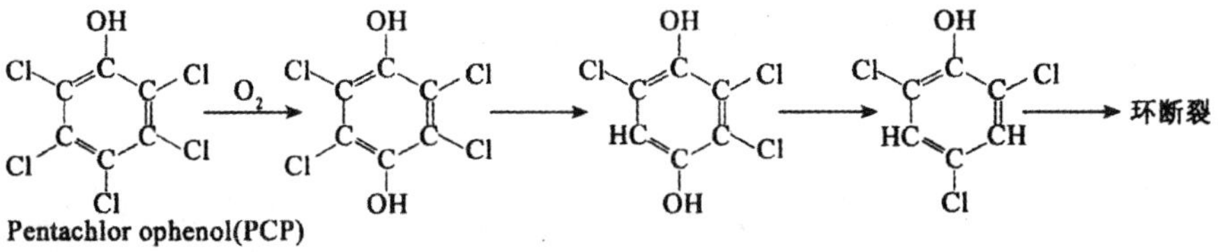

O_2 → → → 环断裂

Pentachlor ophenol(PCP)

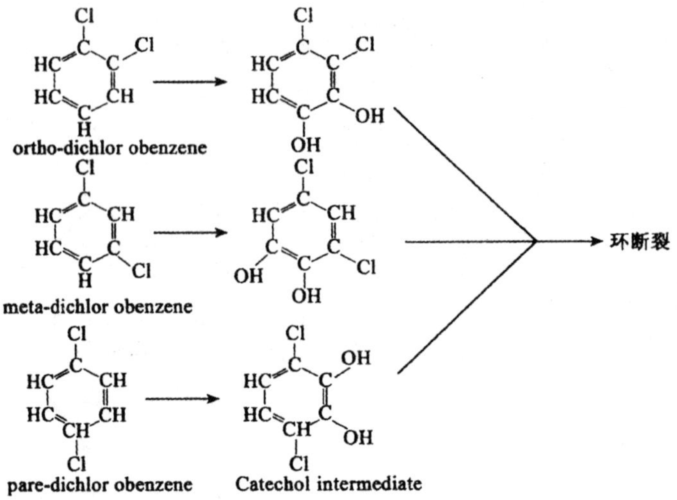

图 5-14　五氯苯酚(PCP)和三种二氯苯最开始的好氧降解

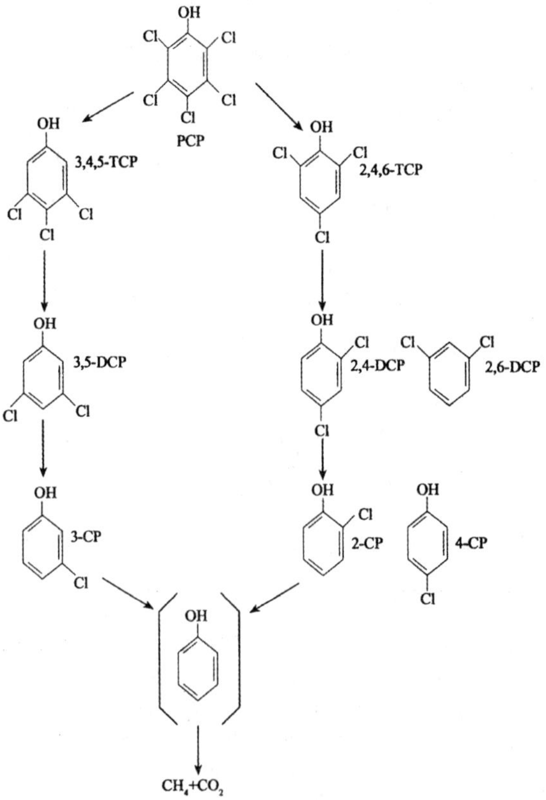

图 5-15　五氯酚(PCP)厌氧条件下的生物降解

5.2.2.4　脂环烃类的生物降解

在全部烃类中，脂环烃类最难被生物所降解，尤其是以此为唯一碳源的降解难度最大。已知有两种假单胞菌能通过共代谢作用降解环己烷，它们并不能利用环己烷作为生长的碳源和能源，而是以庚烷作为碳源与能源，把环己烷共氧化为环己醇。

小球诺卡氏菌（*Nocardia globerula*）以及其他微生物对环己醇（来自环己烷）的降解途径与苯酚类的降解有相似之处。即难溶于水的环己烷经羟基化形成环己醇，后者脱氢后形成环己酮，再加氧产生内酯，加水水解己内酯开环，形成羟基己酸之后，直链脂肪酸的氧化就变得简单快速，加氧后形成己二酸，脂肪酸经过 β- 氧化、TCA 途径彻底降解为 CO_2 和 H_2O（图 5-16）。

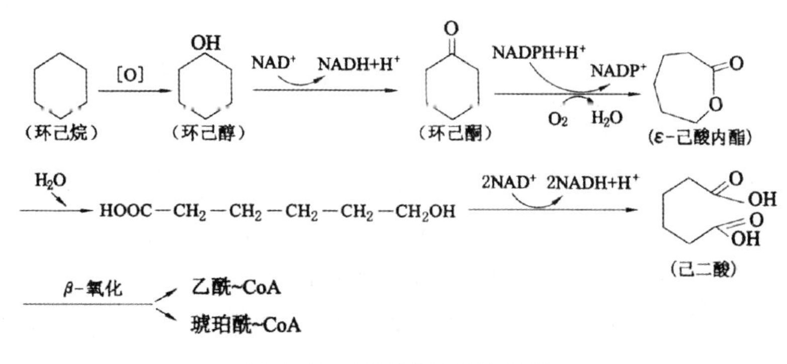

图 5-16　环己醇的生物降解

5.2.3　石油的生物降解

随着石油的大量开采和利用，石油产品及废弃物对水体及土壤造成了严重的污染。石油是目前环境中烷类化合物污染的主要来源。石油是含有大量多种烃类及少量其他有机物的复杂混合物。有的石油中含有上百种烃类，分子量从 16 到 1 000 不等。

微生物对不同石油烃的代谢途径和机理是不同的。在合适的条件下，石油烃可被微生物代谢分解。一般而言，C_{10} ~ C_{18} 范围的化合物较易分解。碳原子 30 个以上者则较难,原因是其溶解度小,表面积小的缘故。尽管烃类有所不同,反应过程各异,但其降解的起始反应却是相似的,即在加氧酶的催化作用下,将分子氧(O_2)组入基质中,形成一种含氧的中间产物。

影响石油降解的因素如下:

(1)石油烃的种类和组成。石油中的烃类一般可分为两类:饱和烃类和不饱和烃类。一般地,烃类化合物生物降解难易次序为(由易至难):$C_{<10}$ 的直链烷烃 >$C_{10\sim24}$ 或更长的直链烷烃 >$C_{<10}$ 的支链烷 >$C_{10\sim24}$ 或更长的支链烷烃 > 单环芳烃 > 多环芳烃 > 杂环芳烃。

(2)石油物理状态。降解石油的细菌大都集中在油—水界面,即烃降解菌主要在油—水界面生长并发挥作用。油的分散程度越高越有利于微生物与石油烃的接触及其对氧和营养物的获取,从而加快降解速率。增加石油溶解度的各种环境因素及产出乳化剂的微生物都能促进石油在水中的扩散及降解。

(3)温度。温度会影响石油烃的物理状态。一般温度高会使石油溶解度增加,分散程度增加。

(4)石油烃既可被好氧降解也可以发生厌氧降解,要彻底氧化为 CO_2 和 H_2O 需要有氧气氧化。厌氧降解一般比好氧分解慢。

(5)营养物质氮、磷常成为石油降解的限制性因素。石油烃可为微生物生长代谢提供充足的能源和碳源,但如果营养物质缺乏就会抑制微生物对石油烃的降解作用。加入硝酸盐或磷酸盐,可提高降解速率。

5.2.4 农药的生物降解

随着化学工业的迅速发展,化学性农药的品种不断增加,迄今为止全世界已经有上千种农药,其中绝大多数是化学合成农药。农药对全球生态系统的危害有些已经显现,而更多的是未知的,甚至是难以估量的。

5.2.4.1 降解农药的微生物类群

进入环境中的有机农药的消失或转化,主要是通过微生物的降解作用。降解农药的微生物在自然界中广泛存在。通过比较正常土壤与消毒灭菌土壤中农药的含量,发现后者降解效率仅为正常值的 1/10。

在降解农药的微生物中,细菌主要有假单胞菌属(*Pseudomonas*)、芽孢杆菌属(*Bacillus*)、产碱杆菌属(*Alcaligenes*)、黄杆菌属(*Flavobacterium*)、节杆菌属(*Arthrobacter*)、无色杆菌属(*Achromobacter*)等;放线菌的代表为诺卡氏菌属(*Nocardia*);霉菌的代表为曲霉属(*Aspergillus*)。细菌由于其较强的适应能力以及易发生变异的特点而占据着主要的地位,其中假单胞菌属最为活跃,对多种农药有降解作用。在自然界中能直接降解农药的微生物不多,适应、降解性质粒和共代谢作用是微生物降解农药的重要机制。

5.2.4.2 微生物对农药的降解

农药的化学结构决定了其被微生物降解的可能性及速率。

微生物对农药的降解有两种方式:以农药作为唯一碳源和能源,有时也可能作为唯一的氮源;微生物通过共代谢作用使顽固性农药得以降解,或降解其分子中某个基团。

物理因素与化学因素对农药的生物降解作用也不可忽视,如光降解、化学氧化与还原。

有机农药大多具有一个较简单的烷骨架,骨架上有不同取代基如—X、—NH_2、—OH 等。农药的降解一般是先去掉取代基,剩下的烷再按烃氧化途径降解。根据物质结构,可以大致排出其降解难易度的顺序,各类物质降解由易至难,排列顺序是脂族酸、有机磷酸盐、长链苯氧基脂族酸、短链苯氧基脂族酸、单基取代苯氧基脂族酸、三基取代苯氧基脂族酸、二硝基苯、氯代烃类(DDT)。

(1)脱卤作用。

脱卤作用是许多氯代烃农药降解的主要途径,如六六六脱氯后生成氯苯(图 5-17)。

(2)脱烃作用。

此作用主要发生在烃基连接在 N、O、S 原子上的某些农药中。如均三氮苯和甲苯类化合物,在微生物的作用下,先进行脱烃,再脱氨基,后转化为带羟基的衍生物(图 5-18)。

C_6Cl_6（六六六）$\xrightarrow{\text{细菌}}$ C_6H_5Cl

Cl, Cl, Cl, Cl, Cl, Cl　细菌　Cl

图 5-17　六六六脱氯后生成氯苯

N N N N R_1 R_2　脱烃 R_1　N N N N H R_2　脱烃 R_2　N N N NH_2　H_2O　N N N OH $+ NH_3$

图 5-18　均三氮苯的脱烃作用

（3）酯和酰胺的水解。

很多农药是酰胺类，如苯胺类除草剂（苯基氨基甲酸酯类、苯基脲类、丙烯酰替苯胺类）或磷酸酯类，如磷脂类杀虫剂（对硫磷、马拉硫磷）。微生物先通过水解这些化合物中的酯键或酰胺键，再进一步使其降解，如马拉硫磷的降解（图 5-19）。

$(R_1)_2P(=S)-S-CH_2(-C(=O)-R_2)-CH_2-C(=O)-R_2$ $\xrightarrow[H_2O]{\text{假单胞菌}}$ $(R_1)_2P(=S)-SH + OH-CH(-C(=O)-R_2)-CH_2-C(=O)-R_2$

图 5-19　酯和酰胺的水解

（4）氧化作用。

微生物在加氧酶的催化下，使 O_2 进入有机分子，特别是进入带芳环的有机分子中，有的是加进一个烃基，有的形成一种环氧化物。

（5）还原作用。

还原作用主要是硝基（$-NO_2$）被还原为氨基（$-NH_2$），如对硫磷在微生物的作用下发生的还原作用（图 5-20）。

$O_2N-C_6H_4-O-P(=S)(OC_2H_5)_2$ $\xrightarrow{\text{还原}}$ $H_2N-C_6H_4-O-P(=S)(OC_2H_5)_2$ $\xrightarrow[H_2O]{\text{磷酸酶}}$ $NH_2-C_6H_4-OH + HO-P(=S)(OC_2H_5)_2$

图 5-20　对硫磷在微生物的还原作用

（6）环裂解。

芳香环可被许多土壤细菌和真菌降解。芳香环在单氧酶的催化下发生烃基化，生成邻苯二酚，其步骤与芳香烃类似。图 5–21 是 2，4–D（2，4–二氯苯氧乙酸）的裂解反应。

CH_2COOH
O
Cl
Cl
2,4-D
OH
Cl
Cl
2,4-DCP
OH
HO
Cl
Cl
3,5-二氯
邻苯二酚
COOH
COOH
Cl
Cl
顺 2,4-二氯
式黏康酸
COOH
HC=O
Cl
反式-2-氯己二
烯半醛酸
HOOC
HC =O
Cl
顺式-2-氯己二
烯半醛酸
COOH
COOH
O
Cl
2-氯-2-烯
-4-酮己二酸
COOH
COOH
O
2-烯-4-酮
己二酸
CO_2+H_2O

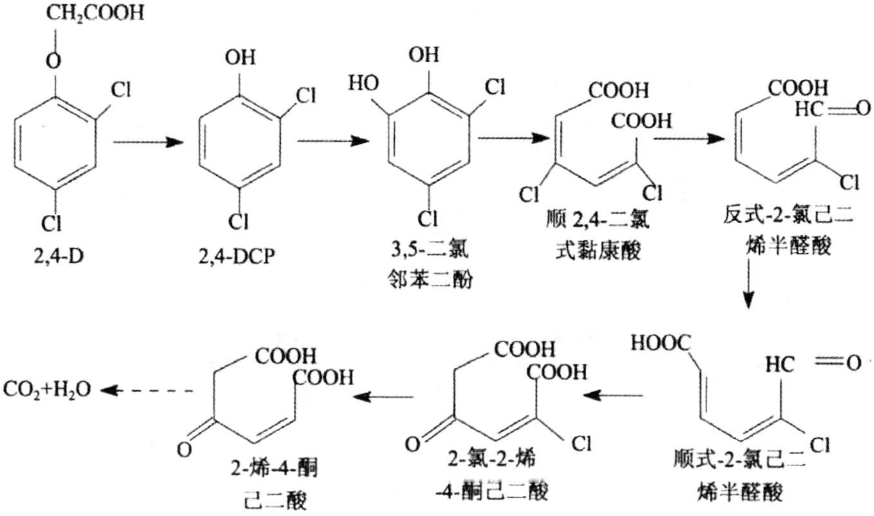

图 5–21　2，4–D（2，4– 二氯苯氧乙酸）的裂解反应

图 5–22 以草芽平和 2，4，5–T 为例进一步说明农药的降解。草芽平和 2，4，5–T 是通过微生物的共代谢被微生物降解的，因这两种农药均不能被微生物用作碳源和能源。其代谢过程与 2，4–D 相似，通过形成中间产物 3，5– 氯邻苯二酸再氧化为 CO_2，H_2O 和 Cl^-。参与代谢过程的有节杆菌（直接代谢）及无色杆菌（共代谢）等。

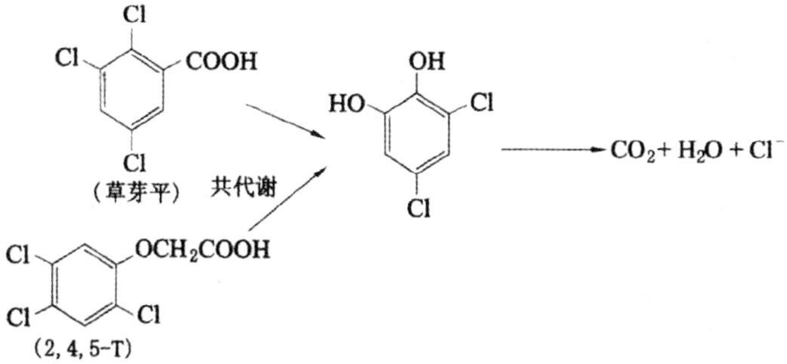

Cl
Cl
COOH
Cl
（草芽平）
共代谢
Cl
OCH_2COOH
Cl
Cl
（2，4，5–T）
OH
HO
Cl
Cl
$CO_2+H_2O+Cl^-$

图 5–22　草芽平和 2，4，5–T 的降解

DDT（二氯二苯三氯乙烷）非常顽固，难以被微生物降解。尚未发现能以DDT作为唯一碳源和能源直接将其加以分解的微生物，能够分解DDT的微生物都是通过共代谢进行的，一般先光解对氯苯乙酸，然后再由微生物接着降解。DDT可通过图5-23的途径而降解成一系列脱氯化合物，也就是DDD、DDMS和DDYS等。

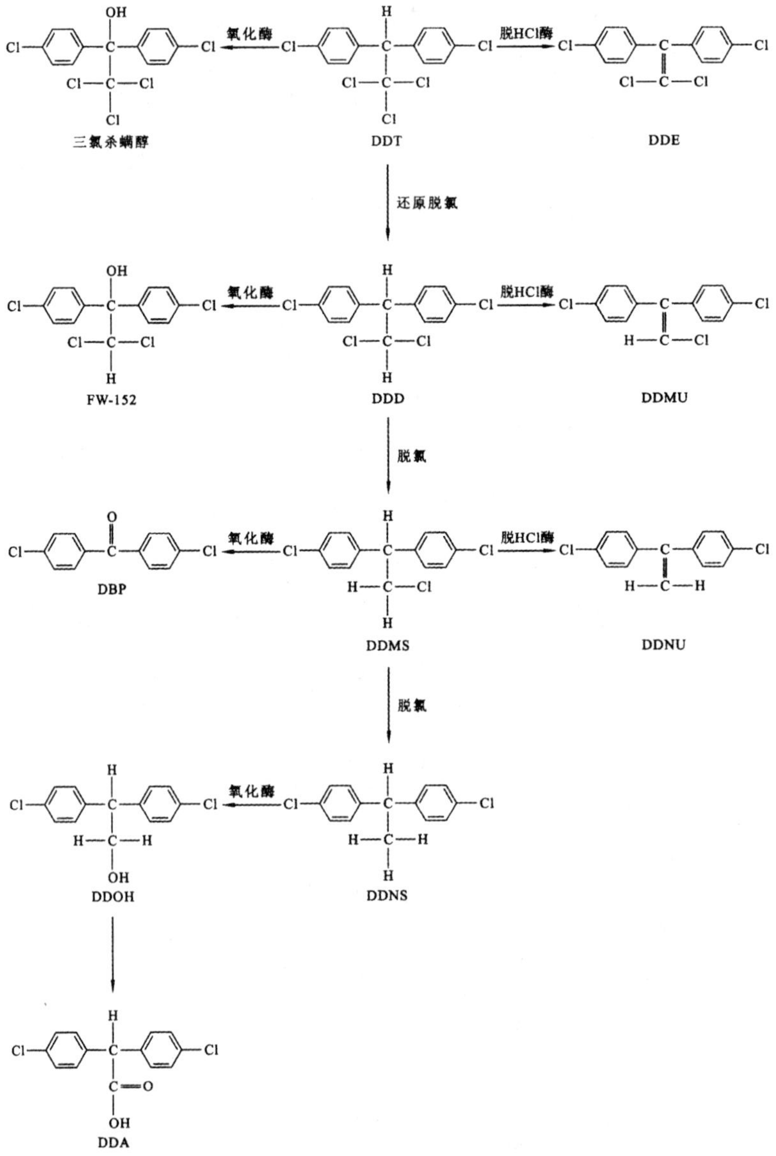

图5-23　微生物降解DDT的一般途径

（7）缩合。

农药分子或其一部分与其他有机化合物在微生物的作用下相互结合从而失去毒性。下面以敌稗的生物降解为例加以说明（图5-24）。微生物虽能降解农药，但农药在微生物细胞中能积累到较高的浓度，故它们也常常受到农药的毒害作用。

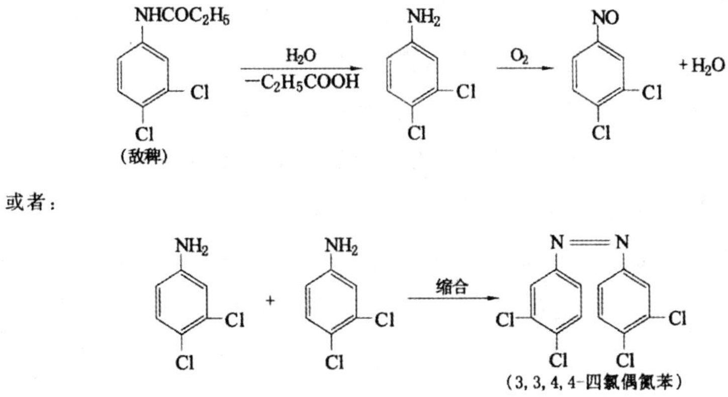

$NHCOC_2H_5$ Cl Cl（敌稗） $\xrightarrow[-C_2H_5COOH]{H_2O}$ NH_2 Cl Cl $\xrightarrow{O_2}$ NO Cl Cl $+H_2O$

或者：

NH_2 Cl Cl + NH_2 Cl Cl $\xrightarrow{缩合}$ N═N Cl Cl Cl Cl（3，3，4，4-四氯偶氮苯）

图5-24　敌稗的生物降解

5.2.5　塑料的生物降解

塑料制品是人们生活中广泛使用的必需品。正是因其疏水、耐用等优良性能，却成了环境中的一大类难以降解的污染物。塑料主要有聚乙烯、聚氯乙烯及聚苯乙烯等类型，塑料中还可能含有某些添加剂如增塑剂、着色剂、填充剂等。研究表明，大多数烯烃类聚合物不能被微生物所降解，长期残留于环境中。

塑料的聚乙烯均很难被微生物降解，微生物对塑料的分解主要作用于其中的添加剂，比如增塑剂，大多为疏水油状物，如植物油、氯代烃、有机酸。各类烷基链含碳数不同的酞酸酯（PAEs）约占60%。PAEs对水生动物和无脊椎动物毒性较低，但在某些鱼类体内可大量富集。另外，PAEs具有致畸致突变作用。因此，许多国家和地区已将其列为优先控制的污染物。

不少学者认为,烯烃类聚合物难以被微生物降解,很可能是由于塑料分子极强的疏水性无法满足微生物生理生化反应对水的需要及塑料烷基长链末端缺少易被微生物作用的官能团,并非由于其相对分子质量或其结构复杂。经过大量的研究发现,当聚烯烃类塑料经紫外光辐射或热解氧化后,可发生有利于其中间产物进行生化降解的变化。光解或热解后的产物扩张强度显著下降,塑料变脆、易碎,表面积增加,相对分子质量明显降低,分子中产生了易为微生物作用的基团如羧基。可以认为,塑料高聚物的降解过程是先光解,后生物降解,即塑料的降解是光解与生物降解联合作用的结果。塑料光解产物的相对分子质量究竟降至何种水平才有利于生物降解,目前仍是一个正在探讨的问题。

由于合成塑料难以降解,所引起的环境污染日趋严重,因此,人们便开始了可生物降解塑料的研究。目前,已开发多种多样的可降解塑料。

一般认为,以颗粒淀粉或改性胶状淀粉作为专加剂的塑料是较为理想的生物降解塑料。其降解机理包括两个过程:一是塑料中的淀粉颗粒先在微生物(主要是细菌和真菌)的作用下分解除去,从而增加了塑料的表面积,并降低了塑料的强度;二是当塑料与土壤中存在的某些盐类物质接触时,因自氧化作用形成了过氧化物,使塑料聚合链断裂。

以上两种降解过程不是独立的,而是相互配合,相互促进,共同完成塑料的降解。微生物对淀粉的消耗,增加了塑料的表面积,从而有助于自氧化降解的进行。因此,塑料经过脱淀粉、聚合链的断裂、变短,逐步达到能被微生物利用的程度。

影响塑料降解的因素主要有微生物的种类、温度、pH 值及养分等。在黑暗、湿度较大、有效碳源及大量无机盐存在的情况下,塑料的生物降解容易进行。

5.2.6 多氯联苯的生物降解

多氯联苯(PCBs)是含氯的联苯化合物,它以联苯为原料,在金属催化剂作用下,高温氯化而合成的有机氯化物,基本结构如图 5-25 所示,联苯环上有 10 个可被氯取代的位置。以氯取代的位置和数量的不同,

PCBs 共有 210 种异构体。

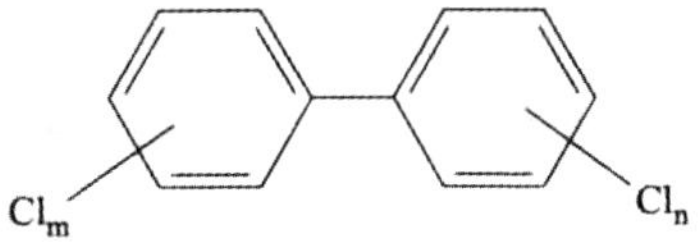

Cl_m Cl_n

图 5-25 多氯联苯的基本结构

随着结构中所含氯原子个数的增加，PCBs 的黏性亦增加，可呈现液态、黏液态或树脂态。PCBs 的理化特性极为稳定，耐高温，耐酸碱，耐腐蚀，不受光、氧、微生物的作用，不溶于水，易溶于有机溶剂，具有良好的绝缘性和不燃性。在工业上 PCBs 应用很广泛，可用做变压器、电容器等电器设备的绝缘油，用作化学工业中的载热体，用作塑料及橡胶的软化剂，以及作为油漆、油墨、无碳纸等的添加剂。

微生物主要是通过共代谢途径使多氯联苯降解，含氯愈多的多氯联苯愈难降解。有研究者曾应用解脂假丝酵母（*Candida lipolytica*）、小球诺卡氏菌（*Nocardia globerula*）、红色诺卡氏菌（*Nocardia rubra*）和酿酒酵母（*Saccharomyces cerevisiae*）等混合菌体处理多氯联苯，可使之完全降解。有人从美国威斯康星某湖污泥中分离的产碱杆菌属（*Alcaligenes*）及不动杆菌属（*Acinetobacter*），能分泌出一种特殊的酶，使 PCB 转化成联苯或对氯联苯，然后吸收这些转化产物，排出苯甲酸或代苯甲酸。后二者较易为环境中其他微生物所分解。

5.2.7 微生物对重金属的转化

5.2.7.1 汞的转化

汞是室温下唯一的液体金属，是严重危害人体健康的环境毒物。据估计，世界汞的产量每年在 9 000 t 以上。气态汞较元素汞具有高毒性，一价汞毒性较二价汞低，但人体组织和红细胞能将一价汞氧化为毒性高的二价汞，而烷基汞是高毒性的汞化物，如甲基汞的毒性比无机汞高 50 ~ 100 倍。此外，甲基汞、乙基汞和丙基汞等有机汞均为脂溶性的，容易以扩散的方式进入生物体的细胞和组织并积累。

微生物参与各种形态汞的转化主要有以下两种途径。

（1）甲基化作用。

有些微生物，能将无机汞经甲基化（methylation）而生成甲基汞（一甲基汞或二甲基汞）：

$$Hg^{2+} \xrightarrow{RCH_3} CH_3Hg^+ \xrightarrow{RCH_3} (CH_3)_2Hg$$

在甲基化过程中，需要有一种甲基传递体存在，甲基钴胺素（即甲基维生素 B_{12}）即能起到这种作用。甲基钴胺素结构式及简式如图 5-26 所示。甲基钴胺素在辅酶作用下反应生成甲基汞。

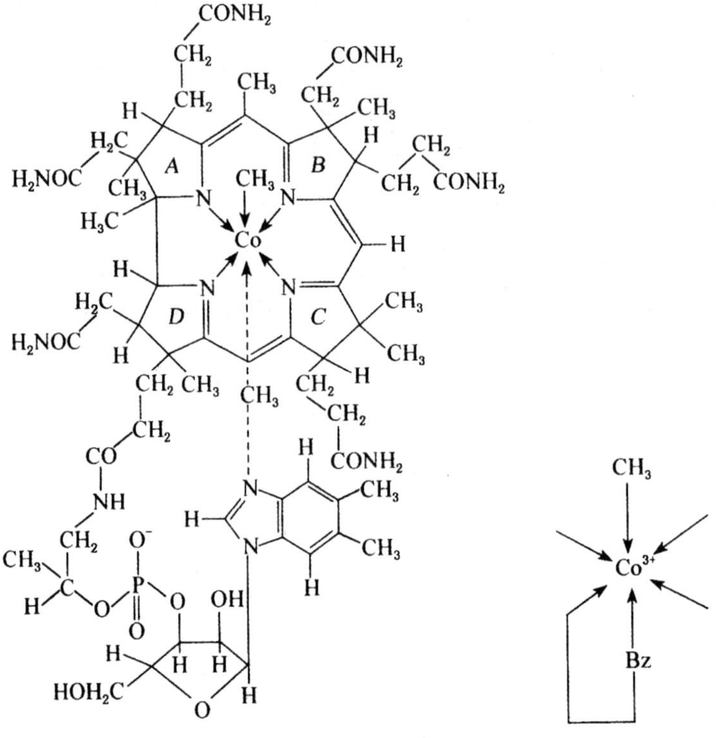

图 5-26　甲基钴胺素结构式及简式

（2）还原作用。

自然界中存在着另一类能使有机汞或无机汞还原为元素汞的微生物，统称之为抗汞微生物。其还原过程为：

$$CH_3Hg^+ + 2H^+ \longrightarrow Hg + CH_4 + H^+$$

$$HgCl_2 + 2H^+ \longrightarrow Hg + 2HCl$$

抗汞微生物中以假单胞菌属为常见。如日本分离得到的 *Pseudomonas* K62 是典型的抗汞菌，可使甲基汞还原，该菌具有红色非水溶性色素，对有机汞具有很强的耐受性。吉林医学院等研究部门从松花江底泥表层中分离筛选、驯化出三株使甲基汞还原的假单胞菌，经实验证明，其清除氯化甲基汞的效率较高，对 1×10^{-6} 和 5×10^{-6} 的 CH_3HgCl 清除率接近 100%，对 1×10^{-5} 和 2×10^{-5} 的 CH_3HgCl 清除率达 99%。此外，大肠埃希氏菌也能将 $HgCl_2$ 还原生成 Hg。利用抗汞微生物还原汞的特点，还可回收利用元素汞。图 5-27 所示为自然界汞循环图。

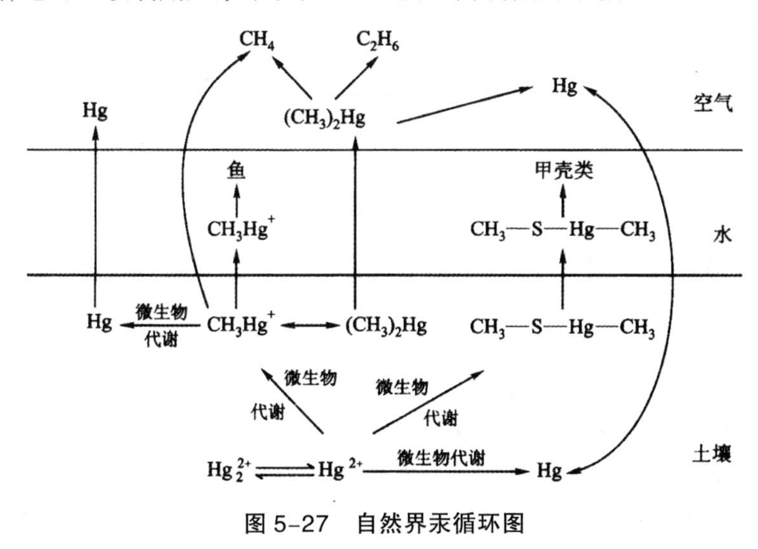

图 5-27　自然界汞循环图

5.2.7.2　砷的转化

砷是人体所必需的元素，它是自然界广泛存在的有毒物质，几乎所有的土壤中都存在砷，地壳中砷的平均含量为 5 mg/kg。自然界中的砷多为五价，污染环境中的砷多为三价无机化合物，生物体内的砷多为有机化合物。污染环境中的砷主要来源于化工、冶金、炼焦、发电、燃料、玻璃、皮革和电子等工业的三废。

水生生物一般对砷有较强的富集能力，有些生物的富集系数可达 3 300。砷的毒性不仅取决于它的浓度，也取决于它的化学形态。元素砷基本无毒，砷化物具有不同的毒性，含三价砷的亚砷酸盐的毒性比含五价砷的砷酸盐更大，因为亚砷酸盐能与蛋白质中的巯基反应。工业生产中，砷大部分以三价态存在，这就增加了砷在环境中的危险性。图 5-28 为自然界中砷的循环。

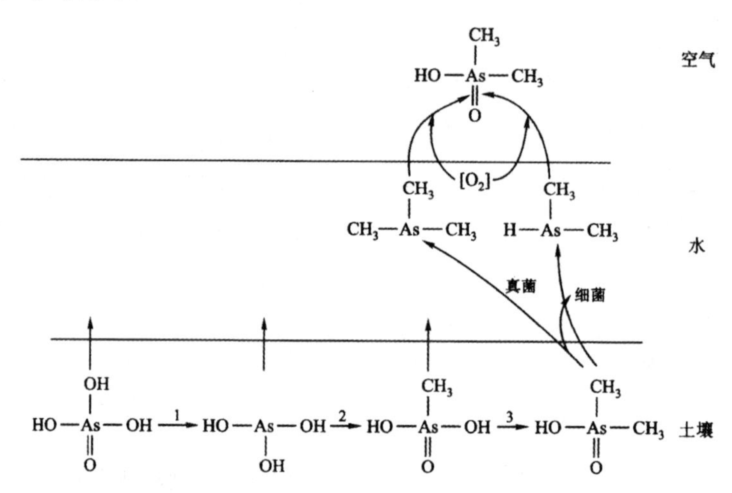

图 5-28 砷循环图（1、2、3 各阶段均为微生物代谢引起的作用）

5.2.7.3 铁、锰的转化

自然界中铁以无机铁化合物和含铁有机物两种状态存在。无机铁化合物又有溶解的二价亚铁和不溶性的三价铁。二价的亚铁盐易被植物、微生物吸收利用，转变为含铁有机物。二价铁、三价铁和含铁有机物三者可互相转化。

所有的生物都需要铁，而且要求溶解性的二价亚铁盐。二价和三价铁的化学转化受 pH 和氧化还原电位影响。pH 为中性和有氧时，二价铁氧化为三价的氢氧化物。无氧时，存在大量二价铁。二价铁能被铁细菌氧化为三价铁。例如，锈铁嘉利翁氏菌（*Gallionella ferruginea*）、氧化亚铁硫杆菌（*Thiobacillus ferrooxidans*）、多孢锈铁菌即多孢泉发菌（*Crenothrix polyspora*）、纤发菌属（*Leptothrix*）和球衣细菌。

锈铁嘉利翁氏菌是重要的铁细菌，好氧和微好氧，仅以 Fe^{2+} 做电子供体，CO_2 为碳源合成有机物，为化能自养型微生物。每氧化 150 g 亚铁可产细胞干重 1 g。在寡营养的含铁水中，需要 O_2 的质量分数大约为 1%。

温度 17℃或更低，在 pH 为 6 时 Fe^{2+} 稳定。最适合的 Fe^{2+} 量为 5 ~ 25 mg/L，CO_2>150 mg/L。锈铁嘉利翁氏菌在水体和给水系统中形成大块氢氧化铁。

$$2FeSO_4+3H_2O+2CaCO_3+\frac{1}{2}O_2 \longrightarrow 2Fe(OH)_3+2CaSO_4+2CO_2$$

$$4FeCO_3+6H_2O+O_2 \longrightarrow 4Fe(OH)_3+4CO_2+\text{能量}$$

铁细菌氧化亚铁产生能量合成细胞物质。当它们生活在铸铁水管中时，常因水管中有局部酸性环境而将铁转化为溶解性的二价铁，铁细菌就转化二价铁为三价铁（铁锈）并沉积在水管壁上，越积越多，以致阻塞水管，故经常要更换水管。在含有机物和铁盐的阴沟和水管中一般都有铁细菌存在，纤发菌和球衣细菌更易发现。它们的典型菌种分别为赭色纤发菌（*Leptothrix ochracea*）和浮游球衣菌（*Sphaerotilus natans*），两者形态和生理特征都很相似，只是鞭毛着生部分和对锰的氧化不同，纤发菌有一束极端生鞭毛，能氧化锰。球衣细菌有一束亚极端生鞭毛，不能氧化锰。它们常以一端固着于河岸边的固体物上旺盛生长成丛簇而悬垂于河水中。

趋磁性细菌是由美国学者 R.P.Blakemore 于 1975 年在海底泥中发现的。趋磁性细菌的游泳方向受磁场的影响，由鞭毛（单极生、双极生）进行趋磁性运动，它们是形态多种多样的原核生物，形态有螺旋形、弧形、球形、杆状及多细胞聚合体，为革兰氏阴性菌。趋磁性细菌分类为 2 属：水螺菌属（*Aquaspirillum*）和双丛球菌属（*Bilophococcus*）。它们的代表分别为趋磁性水螺菌（*Aquaspirillum magnetotacticum*）和趋磁性双丛球菌（*Bilophococcus magnetotacticus*）。

趋磁性细菌的呼吸类型有：①专性微好氧类型，形成含 Fe_3O_4 的磁体，如趋磁性水螺菌，简称 MS-1；②兼性微好氧类型，在微好氧和厌氧条件下均能形成 Fe_3O_4 的磁体，MV-1；③严格厌氧类型，菌体细胞内形成含硫化铁的磁体，RS-1；④好氧类型，在好氧条件下形成含 Fe_3O_4 的磁体。由此可见，趋磁性细菌的代谢类型也具有多样性。

趋磁性细菌永久性的磁性特征是由体内大小为 40 ~ 100 nm 的铁氧化物单晶体包裹的磁体引起的。磁体是由 5 ~ 40 个形状均一的 Fe_3O_4

磁性颗粒沿其轴线整齐排列而构成的磁链。磁性颗粒的数目随培养条件、铁和 O_2 的供给量的改变而改变。磁链类似于指南针。磁链的一半为北极杆,另一半为南极杆,指导趋磁性细菌的磁性行为。即北半球的趋磁性细菌往北向下运动和南半球的趋磁性细菌往南向下运动。在赤道附近的趋磁性细菌两者兼而有之。趋磁性细菌的生态学作用尚未清楚。

趋磁性细菌最初在海底泥中发现,之后各国学者分别从南北美洲,大洋洲,欧洲,日本的海、湖泊、淡水池塘底部的表层淤泥中均分离到趋磁性细菌,可见分布很广。1994 年我国研究人员从武汉东湖、黄石磁湖,1996 年从吉林镜泊湖底淤泥中分别分离出趋磁性细菌。趋磁性细菌不仅存在水体中,还存在土壤中。

趋磁性细菌磁体可用于信息储存。因趋磁性细菌的磁体具有超微性、均匀性和无毒,可用于生产性能均匀、品位高的磁性材料;还可用于新型生物传感器上。日本将提纯的磁体作载体,固定葡萄糖氧化酶和尿酸氧化酶,经比较其酶量和酶活力均比人工磁粒和 Zn-Fe 颗粒固定的酶量和酶活力分别高出 100 倍和 40 倍。连续使用酶活力不变;在医疗卫生方面,可用作磁性生物导弹,直接攻击病灶,治疗疾病,不伤害人体。

氧化锰的细菌中能氧化铁的有覆盖生金菌(*Metallogenium personatum*)和共生生金菌(*Metallogenium sumbioticum*),还有土微菌属(*Pedomicrobium*)。它们能将可溶性的 Mn^{2+} 氧化为不溶性的 MnO_2,其锰、铁产物积累、包裹在细胞表面或积累于细胞内。化能有机营养或寄生在真菌菌丝体上,氧化来自各种含 Mn^{2+} 的化合物。在不加氮或磷源,含乙酸锰 100 mg/L 或 $MnCO_3$ 100 mg/L 及琼脂 15 g/L 的固体培养基上,与真菌共生培养很容易生长。在液体中呈丝状体,黏液培养基中呈不规则的弯曲。在排水管道中,铁和锰的氧化往往造成水管淤塞。

第 6 章　微生物在环境治理中的应用

自然界依靠动物、植物和微生物之间巧妙的生态平衡，使人类及其他生物得以繁衍生息。然而从 20 世纪开始，人类活动导致大量的污染物进入环境，其负荷超过了环境自身的净化能力，使生态平衡遭到破坏，环境质量不断恶化。因此，为了保护环境必须有效地去除生活污水和工业废水中的有机污染。

微生物擅长利用天然的或合成的有机物作为营养和能源，因为早在人类诞生以前，微生物就已经与繁多而各式各样的有机物共同存在了几十亿年。大量供生长的潜在基质诱导酶类发生进化，从而使微生物能通过不同催化机制，转化各种天然有机物。于是微生物就形成一个巨大的“酶库”，只要新合成的有机物一出现，这个“酶库”就将其作为进一步消化的原料。已突变的酶类，具有催化利用新底物的能力，这些酶类的产生者能降解其他生物不能降解的基质，从而获得一种生长优势或定居新环境的能力。

6.1　废水的微生物处理

利用微生物处理污水实际就是通过微生物的代谢活动，将污水中的有机物分解，从而达到净化污水的目的。实际上，天然水体都能自发地通过微生物的活动清除不十分严重的污染，这就是天然水体的自净作用。参与天然水体的自净作用的微生物主要是细菌，它们可以快速、高效地降解水体中的有机物。但水体的自净能力是有一定限度的，它受到水体中的有机物的浓度、水体中溶解氧的含量及水温等多种因素的制约。而生物处理就是在设计的工程设施内，人工地创造出最适宜的各种条件，利用微生物的降解作用，将污水中的有机物无害化。用于污水处理的微生物可分为三类：需氧微生物、厌氧微生物和兼性微生物。根据生物反应器内微生物的类群不同，污水的生物处理可分为好氧生物处理、厌氧生物处理和不同微生物的联合处理。

6.1.1 废水好氧微生物处理

6.1.1.1 好氧微生物处理的基本原理

有机物的好氧生物代谢过程如图 6-1 所示。经过生物反应，大部分有机物被分解为无机物，小部分有机物成为残留有机物。若有机物以 COD 计，1 kg COD 中有 0.86 kg COD 分解为无机物，0.14 kg COD 转化成残留有机物。在废水好氧生物处理中，氧是不可缺少的电子受体。每去除 1 kg COD 消耗 0.86 kg DO（dissolved oxygen）。

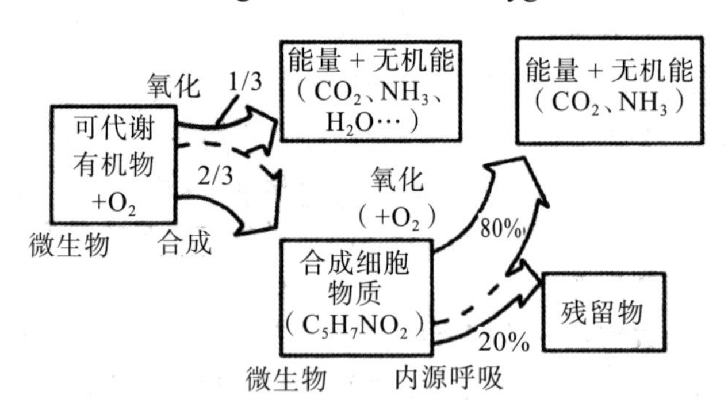

图 6-1 有机物好氧生物代谢过程

在有机物的好氧分解过程中，有机物的降解、微生物的增殖及溶解氧的消耗这三个过程是同步进行的，也是控制好氧生物处理成功与否的关键过程。有机物好氧生物降解的一般途径如图 6-2 所示。

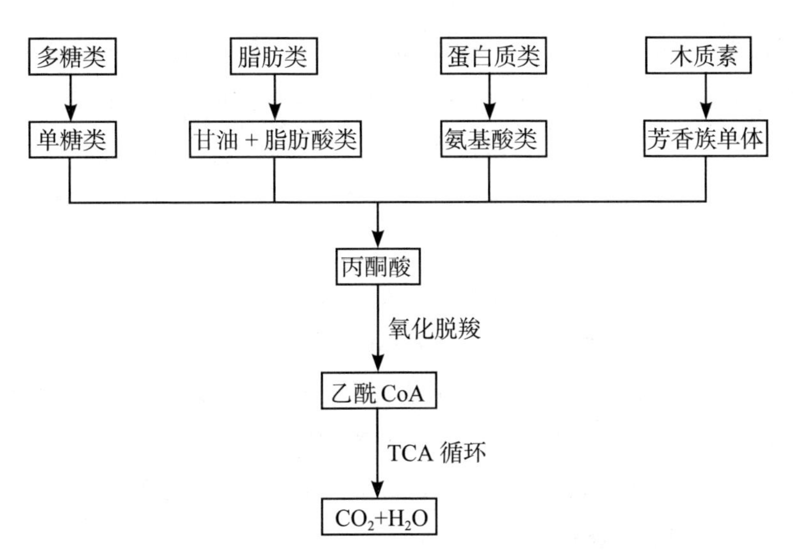

图 6-2　有机物好氧生物降解的一般途径

大分子有机物首先在微生物产生的各类胞外酶的作用下分解为小分子有机物。这些小分子有机物进入细胞后被好氧微生物继续氧化分解，通过不同途径进入三羧酸循环，最终被分解为二氧化碳、水、硝酸盐和硫酸盐等简单的无机物。

难降解有机物的降解历程相对要复杂得多。一般而言，难降解有机物结构稳定或对微生物活动有抑制作用；适生的微生物种类很少。不同类型难降解有机物的降解历程也不尽相同，许多难降解有机物的降解与质粒有关。降解质粒的作用是通过编码生物降解过程中的一些关键酶类，从而使有机污染物得以降解。

溶解氧是影响好氧生物处理过程的重要因素。充足的溶解氧供应有利于好氧生物降解过程的顺利进行。在不同的好氧生物处理过程和工艺中，溶解氧的提供方式也不同。废水的好氧生物处理过程中，溶解氧可以通过鼓风曝气、表面曝气和自然通风等方式提供。

有机废水好氧微生物处理的基本工艺有活性污泥法和生物膜法。

6.1.1.2　活性污泥法

1912 年英国的 Clark 和 Gage 发现，对生活污水长时间曝气会产生污泥，同时水质会得到明显的改善。继而 Arden 和 Lockett 对这一现象进行了深入研究，结果表明，这些沉淀污泥对污水处理具有重要作用，他们把它称为活性污泥。将曝气后的废水静置沉淀，只是倒去上层清液，留下瓶底污泥供第二天使用，这样可以大大缩短废水处理的时间。这个试验的工艺化便是 1914 年在英国曼彻斯特建成的第一座活性污泥法污水处理厂。

在当前污水处理领域，活性污泥法（activated sludge process）因其处理废水效率高、效果好，处理后水的水质良好，成为使用最广泛的技术之一，普遍应用于城市污水和各种工业废水的处理。活性污泥法处理废水的实质，是在充分曝气供氧条件下，以废水中有机污染物质作为底物，对活性污泥进行连续或间歇培养，并将有机污染物质无机化的过程。

（1）活性污泥的概念及特点。

活性污泥（activated sludge）是活性污泥法净化有机废水的主体。它是微生物及其吸附物组成的生物絮体。由于活性污泥形似污泥且富有活力，故而得名。活性污泥的颜色与所处理废水的种类有关，也跟曝气量有关，一般情况下为茶褐色。相对密度较水稍大，为 1.002 ~ 1.006。混合液污泥和回流污泥略有差异，前者相对密度为 1.002 ~ 1.003，后者为 1.004 ~ 1.006。污泥颗粒的直径一般为 0.02 ~ 0.20 μm，比表面积在 20 ~ 100 cm^2/mL。干燥的活性污泥中绝大部分为有机物，主要由微生物的细胞和代谢产物组成，无机物只占少数，主要是废水中带入的，如黏土、沙粒等，无机物所占的比例随废水的来源不同有很大的变化。

活性污泥中栖息着细菌、酵母菌、放线菌、霉菌、原生动物和后生动物。在活性污泥中，细菌含量为 10^7 ~ 10^8 个 /mL，原生动物含量为 10^3 个 /mL。这些微生物构成了具有特定功能的微生物生态系统，对污染物有较强的转化能力。

活性污泥具有沉淀和浓缩性能，常用污泥沉降比和污泥体积指数来表征。污泥沉降比（sludge volume, SV）是指用量筒取 100 mL 混合液，静止 30 min 后测得的沉淀活性污泥的体积与混合液体积之比，以 % 计。污泥体积指数（sludge volume index, SVI）是指悬浮固体（干重）所占有的体积（湿体积），以 mL/g 计。

（2）净化过程。

活性污泥法对废水的净化过程包括初期吸附、生物转化、沉淀分离、回流与排泥 4 个阶段。

①初期吸附。将有机废水与活性污泥放在一起曝气，可得废水 COD 去除曲线。初期（30 min 以内）COD 浓度下降迅速，后期 COD 浓度下降变慢。由于有机物好氧分解需要消耗 DO，两者之间存在当量关系，若 COD 减少量等于 DO 当量，则认为这些 COD 被微生物分解；若 COD 减少量超过 DO 当量，则认为差额部分未被微生物分解，仅被活性污泥吸附。废水与活性污泥短时接触即导致有机污染物大量去除的现象，称为初期吸附。初期吸附所致的 COD 去除率可达 70% 以上。

②生物转化。生物转化包括分解（生物氧化）和合成（生物同化）。生物氧化（biological oxidation）是指微生物氧化分解所吸附的有机物的过程。生物同化（biological assimilation）则是微生物将有机物合成新的细胞物质的过程。若外源有机物不足，微生物可氧化分解体内贮存的有机物或细胞物质来获得维持生命所需的能量，即内源呼吸（endogenous respiration）。由于生物反应可将不稳定的有机物矿化为稳定的无机物，因此把生物反应过程称为稳定化过程。生物转化一般需要 6 ~ 8 h。

若把有机物去除量（ABOD）看成污泥吸附量（ABOD）1 与生物稳定量（ABOD）2 之和，则在前 30 min 所去除的 BOD 中（82%），稳定量占 12%，吸附量占 70%。随着曝气时间的延长，所吸附的有机物被生物转化，吸附量逐渐减少。到 24 h，BOD 去除率高达 95%，其中稳定量升到 80%，吸附量降至 15%。

③沉淀分离。采用活性污泥法处理废水时，不仅要求活性污泥具有吸附和生物转化功能，还要求活性污泥具有絮凝沉淀功能。活性污泥的絮凝沉淀性能与其中微生物所处的生长阶段有关。食物与微生物之比（称 F/M 比）高时，微生物处于对数生长期，对有机物的去除速率较快，但活性污泥的絮凝沉淀性能较差。F/M 逐渐变小后，微生物接近内源呼吸期，活性污泥的吸附、絮凝和沉淀性能达到最佳状态。

④回流与排泥。为了保证处理系统稳定运行，曝气池内应当维持足量的活性污泥，需将部分从二沉池分离的活性污泥回流到曝气池内。

曝气池中微生物利用有机污染物进行生长繁殖，使活性污泥量增加。为保持曝气池内污泥浓度恒定，沉入二次沉淀池底部的多余污泥要经常排出，这部分污泥称为剩余污泥。为了保证曝气池内活性污泥量的相对恒定，也需将部分剩余活性污泥排出处理系统。剩余污泥的处理常采用厌氧消化法，所用构筑物为厌氧消化池，也可采用其他方法，如湿式氧化法、生物处理法与热干燥法等。

（3）氧化沟。

氧化沟（Oxidation Ditch）又名连续循环曝气池（Continuous Loop Reactor），是活性污泥法的一种改型。它把循环式反应池用作生物反应池，混合液在该反应池中以一条闭合式曝气渠道进行连续循环，水力停留时间长，有机物负荷低，通过曝气和搅动装置，向反应池中的污水传递能量，从而使被搅动的污水在沟内循环。

基本型氧化沟处理规模小，一般采用卧式转刷曝气，如图 6-3 所示。水深为 1.0 ~ 1.5 m。氧化沟内污水水平流速 0.3 ~ 0.4 m/s。为了保持流速，其循环量为设计流量的 30 ~ 60 倍。此种池结构简单，往往不设二沉池。

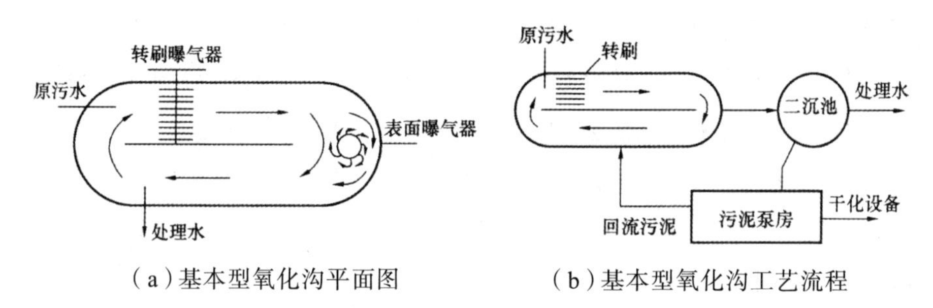

（a）基本型氧化沟平面图　　（b）基本型氧化沟工艺流程

图 6-3　基本型氧化沟及其流程

（4）序批式活性污泥（SBR）工艺。

20 世纪 70 年代初，美国诺特丹（Notre Dame）大学的 Irvine 教授及其同事对间歇进水、间歇排水的序批式活性污泥法进行了系统性的研究，并将此工艺命名为序批式活性污泥法（Sequencing Batch Reactor，SBR）。

①序批式活性污泥法工作原理。

SBR 工艺是一种间歇运行的活性污泥法，通过对系统时间和空间上的控制调节，使调节、曝气、初沉、二沉、生物脱氮等过程集中于一池。由于污水大多集中于同一时段连续排放，且流量波动较大（如城市生活污水、化工废水等），SBR 工艺至少需要两个池子交替进水，才能保证污水连续流入反应器内。单个 SBR 池按周期运行，共分为进水、反应、沉淀、排水、闲置五个阶段，如图 6-4 所示。

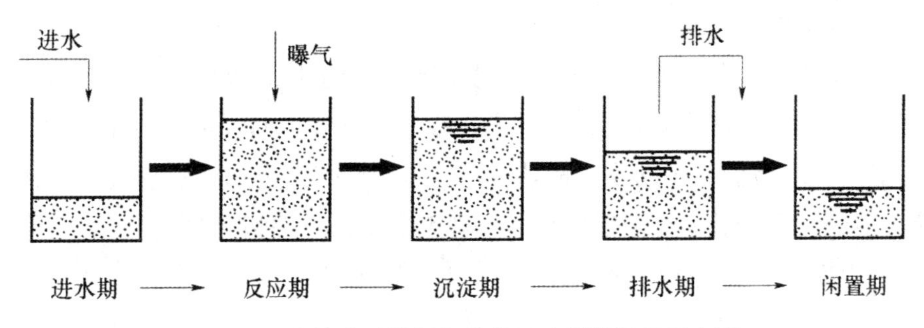

图 6-4　序批式活性污泥法单元池周期运行示意图

②序批式活性污泥反应器结构。

序批式活性污泥反应器结构，如图 6-5 所示。一般为矩形池外形，包括进水装置、曝气装置、搅拌装置、出水装置（滗水器）、排泥装置等基本部件。其中，曝气装置和出水装置是工艺运行成功的关键。

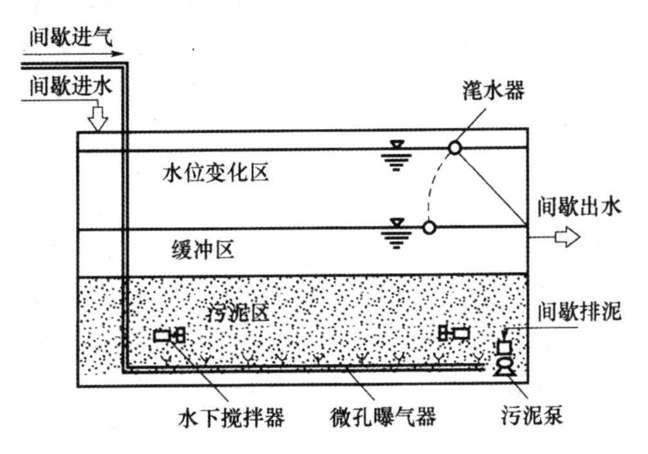

图 6-5　序批式活性污泥反应器结构图

6.1.1.3 生物膜法

生物膜是一层覆盖于填料表面的活性污泥。由于这层活性污泥较薄,呈膜状,因此被称为“生物膜”。生物膜法是指让废水流过填料表面的生物膜,利用生物氧化和相间传质,降解有机污染物而使废水得到净化的一类废水处理方法。

(1)生物膜的生物学特征。

①菌群多样性。

在活性污泥法处理系统中,生长较慢的微生物难以栖息于活性污泥内;而在生物膜法处理系统中,生长缓慢的微生物能生存于生物膜内。此外,一些微型后生动物对搅拌敏感,在活性污泥法处理系统中,这些种群容易受到干扰;而在生物膜法处理系统中,这些种群可免受干扰。因此,生物膜中微生物菌群的多样性高于活性污泥。

②菌群区域性。

在活性污泥法处理系统中,活性污泥呈全混合状态;而在生物膜法处理系统中,生物膜的空间位置相对固定,其中的菌群具有区域性;沿废水流向,净化程度不同,优势微生物菌群也不同。

③食物链较长。

生物膜上不仅栖息着捕食细菌的原生动物,也存在高营养级的后生动物,生物膜中的原生动物和后生动物比例明显高于活性污泥,生物膜中的食物链也明显长于活性污泥。由于高营养级的原生动物多,食物链传递中的能量消耗大,故污泥产量较低。据报道,生物膜法的污泥产量可比活性污泥法少 20% 左右。

④脱氮菌被固定。

硝化细菌生长缓慢。在活性污泥法处理系统中,这类细菌很容易流失;而在生物膜法处理系统中,硝化细菌被保留在生物膜内,不易流失。在生物膜内常有厌氧微域,可发生脱氮作用。生物膜法的脱氮效率明显高于活性污泥法。

⑤生物量较大。

在生物膜法反应器(如生物滤池)中,微生物分布于反应器的整个空间，单位体积内的生物量远远大于活性污泥法反应器。例如，生物流化床反应器中的活性污泥浓度可达 10 ~ 50 g/L，显著高于曝气池中的活性污泥浓度（2 ~ 4 g/L）。

（2）生物膜微生物组成。

生物膜中的微生物有细菌、真菌、藻类、原生动物、后生动物及一些肉眼可见的小动物（如蛾、蝇、蠕虫）等。因此，生物膜食物链比活性污泥的食物链长。生物膜中细菌以化能异养型为主，不仅包括好氧菌，而且有兼性厌氧和厌氧菌，这与活性污泥有显著的差别。在生物膜的表面常常有大量的各种类型的原生动物，它们能提高滤池的净化速度和整体处理效率。后生动物有轮虫、寡毛类和昆虫类，它们以生物膜为食，可以降低生物膜的生物量，防止污泥积聚和堵塞的功能。同时，它们的运动又会导致衰老生物膜的脱落。

①细菌和真菌。

由于生物膜存在好氧、兼氧和厌氧的微小环境，因此适宜多种微生物生长。据观察，在生物膜的好氧层，以专性好氧菌（如芽孢杆菌）占优势；在厌氧层，则能见到专性厌氧菌（如脱硫弧菌）。生物膜中数量最多的是兼性厌氧菌，主要有假单胞菌属、产碱杆菌属（*Alcaligenes*）、黄杆菌属（*Flavobacterium*）、无色杆菌属（*Achromobacter*）、微球菌属（*Micrococcus*）、动胶杆菌属（*Zoogloea*）以及一些肠道细菌。

生物膜上常见的丝状微生物有球衣菌属（*Sphaerotilus*）、贝氏硫菌属（*Beggiatoa*）和发硫菌属（*Thiothrix*）等。后两类菌大多存在于生物膜的厌氧区。在正常情况下，真菌受细菌的竞争抑制，只有在 pH 较低或在特殊的工业废水中，真菌数量才可能超过细菌。

②原生动物和后生动物。

生物膜上出现频度较高的原生动物有纤毛虫和肉足虫，其中以纤毛虫为主。基质和环境条件发生变化时，原生动物的优势种群也会改变。

生物膜上出现的后生动物有轮虫、线虫、腹足虫、寡毛虫等。与活性污泥相比，生物膜上的轮虫种类大体相同，但生物膜上的轮虫数量明显较多。

（3）生物膜净化机理。

图 6-6 为生物膜净化机理示意图。由于生物膜的吸附作用，在生物

膜的表面上往往吸附着一层薄薄的水层,附着水层中的有机物大多已被生物膜所氧化,使有机物的浓度比滤池进水中的有机物浓度低很多。当废水在滤料表面流动时,有机物就会从运动的废水中转移到附着水层中去,并进一步被生物膜吸附。同时空气中的氧也将经过废水进入生物膜,被微生物利用。有机物氧化分解产生的 CO_2 等气体沿着相反方向,从生物膜经过附着水层,进入流动的废水及空气中去。

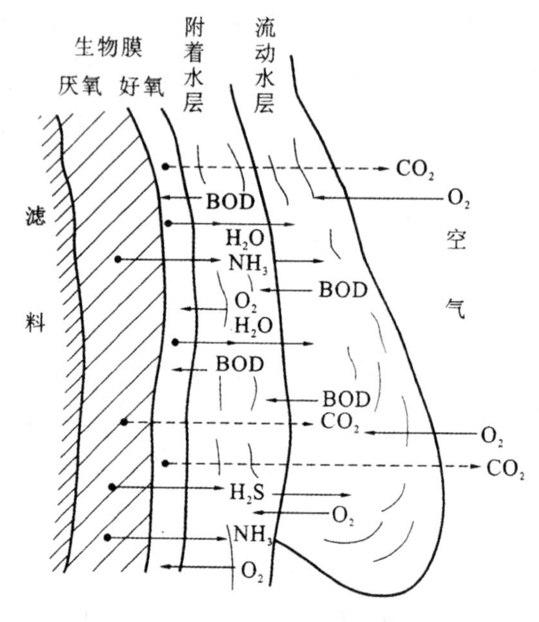

图 6-6　生物膜净化机理

随着生物膜的增厚,渗入的氧被膜外层的微生物消耗殆尽,造成膜内出现厌氧层,并随时间加厚,最后生物膜在下列情况下脱落;微生物本身的衰老、死亡;内层生物膜的厌氧代谢,产生 CO_2 等气体,使生物膜黏附力变小;不断增厚的膜本身重量太重;曝气(接触氧化池)或水力冲刷剪切(生物滤池、生物转盘)作用下,使生物膜的剥落力大于附着力,最终膜成片脱落。由于脱膜仅仅是在局部填料表面发生,并且裸露的填料很快就会生长出新的生物膜,因此整个膜处于增长、脱落和更新的生态系统。正常生物膜厚 2 ~ 3 mm。

(4)生物接触氧化。

生物接触氧化法是一种具有活性污泥法特点的生物膜法,兼具活性污泥法和生物滤池法的特点。填料是固定不动的，部分微生物以生物膜的形式附着生长于填料表面；部分微生物悬浮生长于水体中，共同起到净化废水的作用。

生物接触氧化工艺流程分为以下阶段。

①一段（级）处理流程。

如图 6-7 所示，原污水经初次沉淀池处理后进入接触氧化池，经接触氧化池处理后进入二次沉淀池，在二次沉淀池进行泥水分离，从填料上脱落的生物膜在这里形成污泥排出系统，澄清水则作为处理水排放。

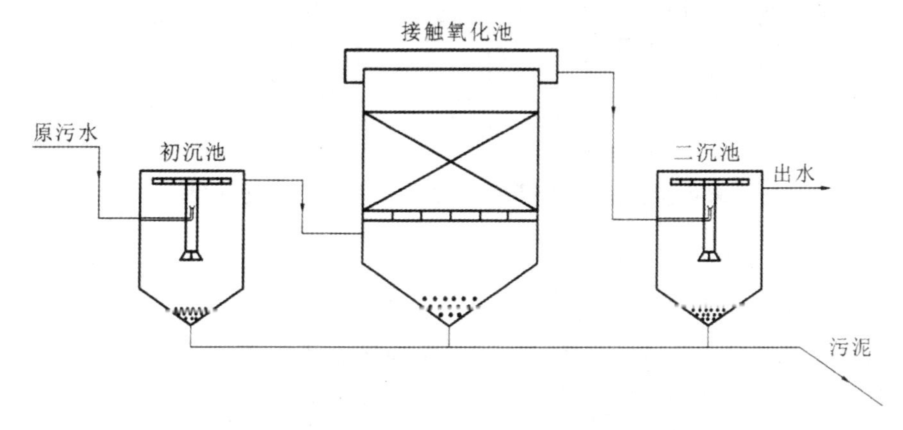

图 6-7　生物接触氧化工艺技术一段（级）处理流程

生物接触氧化池是由池体、填料、支架、曝气装置、进出水装置以及排泥管道等部件所组成，如图 6-8 所示。

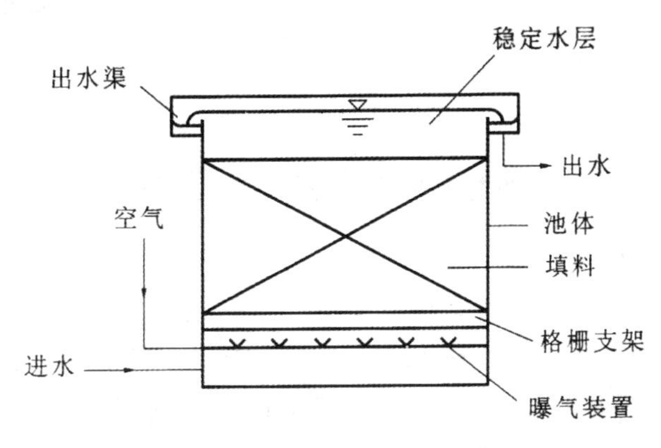

图 6-8　生物接触氧化池构造图

②二段(级)处理流程。

二段(级)处理流程(图 6-9)的每座接触氧化池的流态都属于完全混合型,而结合在一起考虑又属于推流式。

废水通过调节池进入一级接触氧化池,后经沉淀池进行泥水分离,上清液先后进入二级接触氧化池,最后由二次沉淀池进行泥水分离,上清液排出,污泥排放。此工艺延长了反应时间,提高了处理效率。

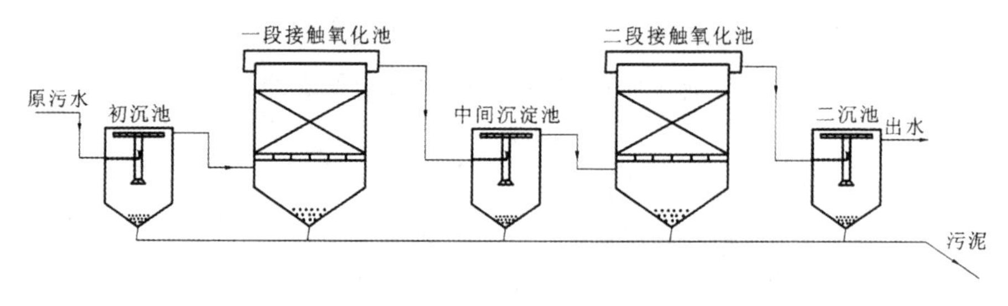

图 6-9　生物接触氧化工艺技术二段(级)处理流程

③多段(级)处理流程。

多段(级)处理流程如图 6-10 所示,是由连续串联的 3 座或 3 座以上的接触氧化池组成的系统。本系统从总体上来看,其流态应按推流式考虑,但每一座接触氧化池的流态又属完全混合型。

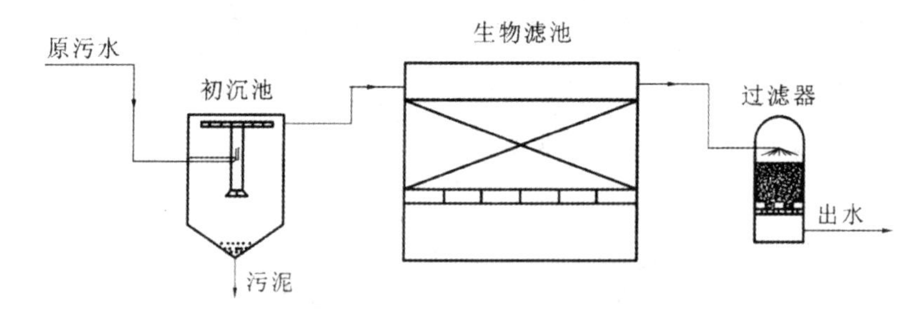

图 6-10　生物接触氧化工艺技术多段(级)处理流程

(5)生物滤池。

生物滤池是生物膜法中最常用的一种生物反应器。一般建成钢筋混凝土或砖石结构的长方形或者圆形池子,池内装的生物载体是小块料(如碎石块、炉渣或者塑料滤料),堆放或叠放成滤床,故常称滤料。与水处理中的一般滤池不同,生物滤池的滤床是暴露在空气中的,滤料层上有布水装置,废水洒到滤床上,如图 6-11 所示。

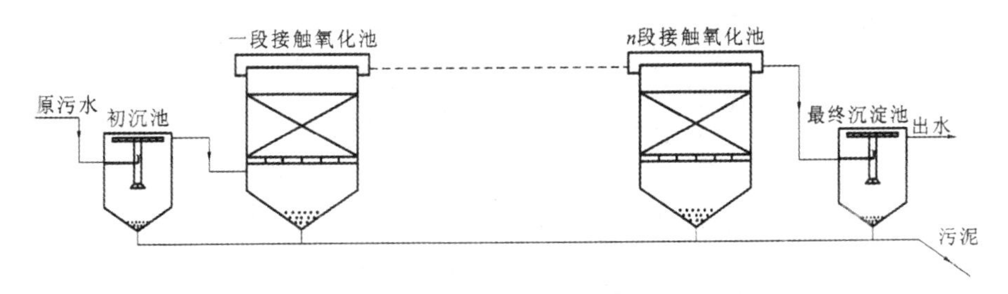

图 6-11　生物滤池基本工艺流程

滤率(水力负荷率)与滤床的深度和滤料有关,据此可以分为普通生物滤池(图 6-12)、高负荷生物滤池(图 6-13)、塔式生物滤池(图 6-14)等。碎石滤床的深度大多采用 1.8 ~ 2.0 m。深度过高,则滤床表层容易堵塞积水,而一旦滤率提高到 8 ~ 10 m^3/(m^2 · d)以上,水流的冲刷作用使生物膜不致堵塞滤床。为了满足水力负荷率的要求,来水常用回流稀释。为了稳定处理效率,可采用两级串联。使有机物(用 BOD_5 衡量)负荷率可从 0.2 kg/(m^3 · d)左右提高到 1 kg/(m^3 · d)以上。当滤床深度从 2 m 左右提高到 8 m 以上时,通风改善,即使水力负荷率提高,滤床也不再堵塞,滤池工作良好,同时有机物负荷率也可以提高到 1 kg/(m^3 ·d)左右。因为这种滤池的外形像塔,其平面直径一般为池高的 1/8 ~ 1/6,故称塔式滤池。

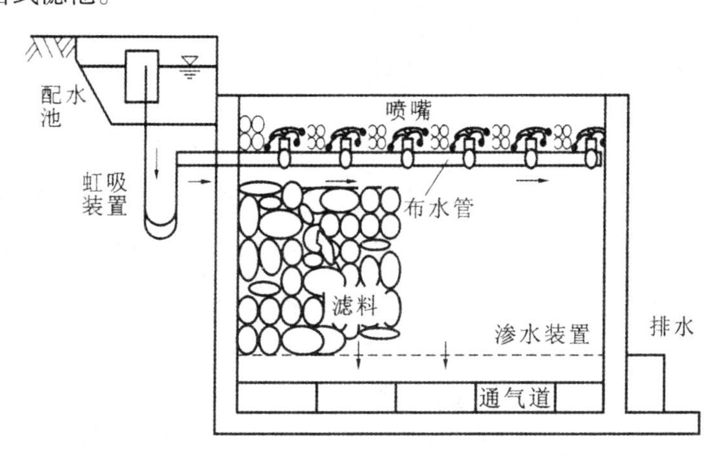

图 6-12　普通生物滤池的结构示意图

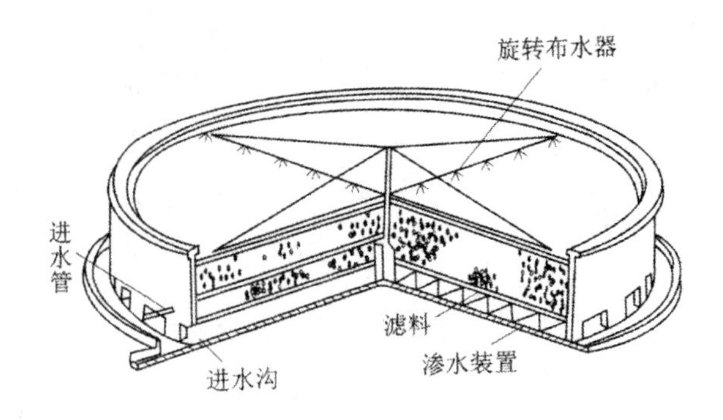

图 6-13　高负荷生物滤池的结构示意图

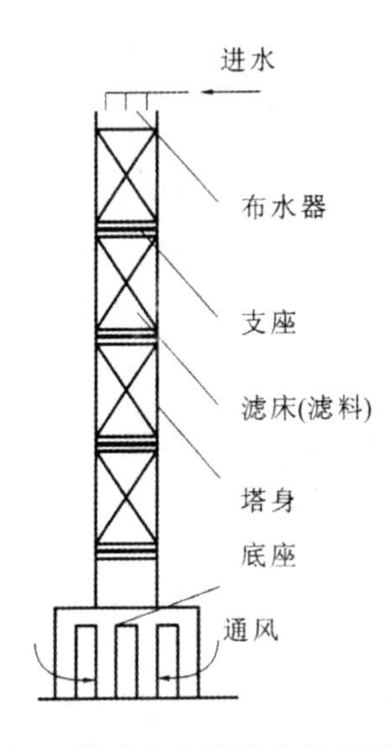

图 6-14　塔式生物滤池的结构示意图

塔式生物滤池内部存在明显的分层现象,各层生长繁育着不同的微生物种群,有助于微生物增殖、代谢,也有助于有机污染物的降解。正是由于这种生物分层的特点,塔式生物滤池才能够承受较大的有机物和有毒物质的冲击负荷能力。因此,塔式生物滤池常用于高浓度工业生产废水的处理,可大幅度地去除有机污染物,经常保持良好的净化效果。

在平面上,塔式生物滤池呈圆形、方形或矩形,由塔身、滤料、布水系统、通风系统和排水装置所组成。塔身一般沿高度分层建造,在分层处设格栅,格栅主要起承托滤料的作用。塔式生物滤池要求滤料轻质且孔隙率大,目前国内外发展的玻璃钢蜂窝填料和大孔径波纹塑料板滤料,兼具以上两大特点，故获得了广泛的应用。

（6）曝气生物滤池。

曝气生物滤池（Biological Aerated Filter，BAF），是一种新型生物膜法污水处理工艺。最大规模的曝气生物滤池每天可以处理几十万吨废水，并发展为可以脱氮除磷。该工艺具有去除悬浮物（Suspended Solid，SS）、COD、BOD、硝化、脱氮、除磷、去除可吸附有机卤化物（Absorbable Organic Halogen，AOH）的作用，是集截留悬浮固体和生物氧化为一体的新工艺。目前使用比较广泛的几种新型曝气生物过滤工艺包括：BIOSTYR，是法国 OTV 公司的注册水处理工艺技术；Biofor，是得利满水务专为污水处理厂设计的第三代生物膜反应池；BIOSME-DI，是上海市政工程设计研究院针对微污染原水开发的一 种新型生物滤池。

6.1.2 废水厌氧微生物处理

6.1.2.1 厌氧微生物

（1）专性厌氧微生物。

专性厌氧微生物是指只有在无氧条件下才能生长的微生物。这类微生物只有脱氢酶系统，分子氧对它们具有致死作用。其原因是：①当环境中有氧时，从基质上脱下的氢还原 NAD^+ 产生 $NADH+H^+$，$NADH+H^+$ 和 O_2 直接作用生成 H_2O_2；② O_2 分子直接进入菌体后可转化成游离的 O_2^-，H_2O_2 和 O_2^- 均有强烈的毒害作用。而专性厌氧微生物恰恰缺乏清除 H_2O_2 的过氧化氢酶和破坏 O_2^- 的氧化物歧化酶，因此易中毒死亡。

厌氧微生物在自然界中广泛分布，种类很多，如产甲烷菌、梭状芽孢杆菌、丙酮丁醇生产菌、破伤风杆菌、脱硫弧菌、拟杆菌、荧光假单胞菌等。厌氧菌在环境工程中日益引起人们的重视。

厌氧生物的培养关键是要为它们营造一个无氧或低氧化 - 还原电位环境。培养厌氧微生物常用的方法有焦性没食子酸法、疱肉培养基法、厌氧罐法等。焦性没食子酸与碱性溶液作用生成焦性没食子酸盐，反应时能吸收氧气造成厌氧环境。疱肉培养基含有不饱和脂肪酸和谷胱甘肽，前者能吸氧气，后者能形成负氧化 - 还原电位差。

（2）兼性厌氧微生物（或称兼性好氧微生物）。

既能在有氧条件下生活，又能在无氧条件下生活的微生物，称为兼性好氧微生物。这类微生物具有氧化酶和脱氢酶两套酶系统。有氧时，氧化酶系统活跃；无氧时，氧化酶系统变钝，脱氢酶系统工作。如酵母菌，在有氧情况下，能将葡萄糖彻底氧化成 CO_2 和 H_2O；在无氧情况下，发酵葡萄糖产生大量乙醇。在厌氧消化池中，除厌氧微生物外，也有兼性好氧微生物，能将有机物分解成小分子的有机酸和醇类化合物。

6.1.2.2 厌氧生物处理的基本原理

在实际厌氧微生物处理废水的过程中，兼性厌氧微生物和专性厌氧微生物均有重要的作用。通常情况下，首先是兼性厌氧微生物把水体中本身携带的氧消耗殆尽，为专性厌氧微生物提供生存环境，其次才是专性厌氧微生物的消化阶段。1979 年，Bryant 等提出厌氧微生物处理废水“三阶段理论”，基本得到大家的认可。

（1）水解和发酵阶段。

有机物通过发酵细菌生成乙醇、丙酸、丁酸和乳酸等，起作用的微生物主要是产酸细菌，如梭菌属（*Clostridium*）、拟杆菌属（*Bacteroides*）、丁酸弧菌属（*Butyrivibrio*）、真杆菌属（*Eubacterium*）、双歧杆菌属（*Bifidobacterium*）等。

（2）产氢产乙酸阶段。

第一阶段产生的丙酸、丁酸等脂肪酸和乙醇在产氢产乙酸菌的作用下转化为乙酸、H_2、CO_2。主要的细菌有共养单胞菌属（*Syntrophomonas*）、互营杆菌属（*Syntrophobacter*）、梭菌属和暗杆菌属（*Pelobacter*）等。

（3）产甲烷阶段。

产甲烷菌利用乙酸、H_2、CO_2 产生甲烷。产甲烷菌大致可分为两类，一类是利用乙酸产甲烷，另一类是利用 H_2 和 CO_2 合成甲烷，但数量较少。另外，还有极少数细菌既可利用乙酸又可利用 H_2。

产甲烷菌都是严格厌氧菌，要求生活环境的氧化还原电位在 −400 ～ −150 mV。氧和氧化剂对甲烷菌有很强的毒害作用。

产甲烷菌主要有乙酸营养型与氢营养型两大类，其中 72% 的甲烷是通过乙酸转化的。能代谢乙酸的产甲烷菌有甲烷鬃毛菌和甲烷八叠球菌。前者只能在乙酸基质中生长。后者除可利用乙酸基质外,还可利用甲醇、甲胺,有时也可利用氢气和二氧化碳。甲烷八叠球菌以甲醇为基质时的生长速率比其他基质时要快。当乙酸浓度较低时,甲烷鬃毛菌占优势;当乙酸浓度较高时,甲烷八叠球菌占优势。氢营养型产甲烷菌是重要的产甲烷菌,种类较多,主要有甲烷短杆菌(*Methanobrevibacter*)甲烷杆菌(*Methanobacterium*)、甲烷球菌(*Methanococcus*)、甲烷螺菌(*Methanospirillum*)等属。另外,发现高温厌氧污泥中的主要氢营养菌有甲酸甲烷杆菌(*Methanobacterium formicicum*)、嗜树木甲烷短杆菌(*Methanobrevibacter arboriphilus*)、嗜热自养甲烷杆菌(*Methanobacterium thermoauto trophicum*)。在氢营养菌周围往往能观察到一些伴生菌,特别是产氢细菌,表明它们之间有紧密的关系。

6.1.2.3　厌氧生物处理条件

(1)温度。

温度对有机物的厌氧降解有显著影响。中温性厌氧消化微生物的最适生长温度约为35 ℃,高温性厌氧消化微生物的最适生长温度约为53 ℃。温度宜控制在厌氧消化微生物的最适生长范围。

(2)pH。

产甲烷菌对pH敏感,如果pH低于6.8或高于7.8,产甲烷菌的生长受到抑制。pH宜控制在6.8 ~ 7.8。

(3)养分。

厌氧消化微生物对碳、氮、磷等营养物质的要求低于好氧微生物。BOD∶N∶P可控制在200∶5∶1。但是,许多厌氧消化菌含有独特的辅酶,对微量元素有特殊要求,宜补充镍、钴、钼等微量元素。

(4)毒物。

有毒物质会抑制厌氧微生物的生长和代谢。毒物可以是无机物(如硫化物、氨、重金属),也可以是有机物(如苯、酚、氯仿),特别是人工有机物(如农药、抗生素、染料)。毒物浓度宜控制在抑制浓度阈以下。

（5）厌氧环境。

厌氧消化微生物对氧敏感。厌氧生物处理装置必须密封，防止空气进入。在密封装置内，兼性厌氧菌消耗溶解氧可形成厌氧环境。通常，高温发酵的氧化还原电势为 –600 ～ –560 mV，中温发酵为 –350 ～ –300 mV。

6.1.2.4 厌氧微生物处理污水的特点

厌氧处理方法的优点有如下几个方面。

（1）有机负荷高，产生的剩余污泥少，运行费用低，对 N、P 等营养盐需求低。

（2）可以把污水处理、能源回收结合起来，有较好的经济与环境效益。

（3）设备简单，操作灵活，占地面积小。

（4）高浓度有机废水不需稀释，可直接进行处理。厌氧微生物的特点使该方法工艺适合季节性或间断性运行。

厌氧处理方法的缺点有如下几个方面。

（1）厌氧微生物生长速率小，处理效率较低，反应器初次启动过程缓慢，需 8 ～ 12 周，整个水处理时间较长。

（2）净化后的水质一般达不到污水排放标准，COD 浓度高于好氧法，需要与其他方法联用。

（3）厌氧微生物对有毒物质比较敏感，处理过程中易产生臭味。

（4）对水质和操作控制的要求高，对低浓度的有机废水处理效果不理想。

6.1.2.5 上流式厌氧污泥床工艺

上流式厌氧污泥床（Up-flow Anaerobic Sludge Blanket，UASB）工艺是荷兰 Lettinga 教授于 1971 年研创的高效厌氧生物处理工艺，迄今已有数以千计的生产性装置投入运行。

（1）UASB 反应器的基本构造。

UASB 反应器如图 6-15 所示，其主体可分为两个区域，即反应区和气、液、固三相分离区。反应区装有一定数量的厌氧污泥。根据污泥性状，反应区可分为污泥床和悬浮污泥层。

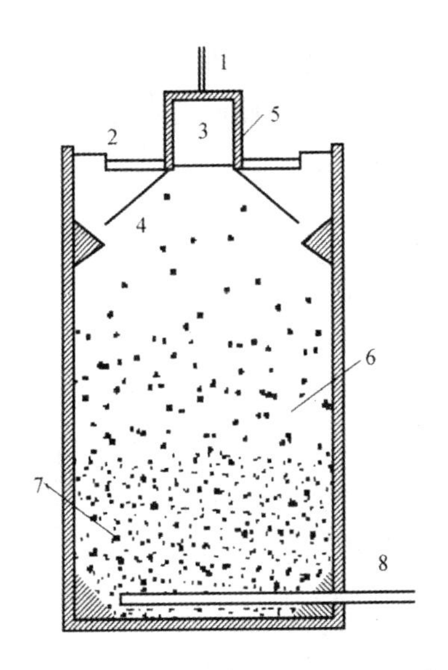

图 6–15　UASB 反应器工作原理示意图

1—沼气管；2—出水堰；3—气室；4—气体反射板；5—三相分离区；
6—悬浮污泥层；7—污泥床；8—进水管

①污泥床。

污泥床位于 UASB 反应器底部，具有很高的污泥生物量，MLSS 一般为 10 ～ 80 g/L，可高达 100 ～ 150 g/L。污泥以颗粒污泥的形态存在，活性生物量占 70% ～ 80%，生物相组成比较复杂，主要是杆菌、球菌和丝状菌等。污泥粒径在 0.5 ～ 5.0 mm，具有良好的沉降性能，沉降速度为 1.2 ～ 1.4 cm/s，其典型的 SVI 值为 10 ～ 20 mL/g。

②悬浮污泥层。

悬浮污泥层位于污泥床上部，污泥浓度为 15 ～ 30 g/L，污泥容积指数为 30 ～ 40 mL/g。在悬浮污泥层中，絮凝污泥浓度自下而上逐渐减小。絮凝污泥沉降速度小于颗粒污泥，来自污泥床的上升气泡可使悬浮污泥层得到强烈混合。

（2）UASB 反应器的工作原理。

①均匀布水。废水以一定流速从底部布水系统进入反应器，并均匀分布反应器底部。

②生物降解。废水通过污泥床和悬浮污泥层向上流动，与污泥充分接触，有机物被转化为沼气。

③污泥分层。沼气气泡上逸，将污泥托起，导致污泥床膨胀。沉淀性较差的絮体污泥浮升至反应区上部形成悬浮污泥层；沉淀性较好的颗粒污泥沉降至反应区底部形成污泥床。

④气水分离。发酵液上升至三相分离器底面时，气体被反射板折向气室；污泥在三相分离器内沉淀；上清液从沉淀区顶部排出，污泥从沉淀区底部返回反应区。

6.2 废气的微生物处理

微生物本来就是地球生态系统中的分解者，负责降解动植物的尸体以及代谢动植物产生的废物，因此，以微生物为核心的生化治理大气污染的方法，同传统空气污染控制技术如活性炭吸附、湿法洗涤和燃烧等相比，以其处理效果好、投资及运行费用低、二次污染少、易于管理等优点，逐渐应用于空气污染控制中。

6.2.1 废气的微生物处理方法

微生物能氧化有机物，产生二氧化碳和水等物质，但这一过程难以在气相中进行，因此，废气的生物处理通常先将气态物质溶于水后才能用微生物法处理。另外，废气的成分往往比较单一，难以全面满足微生物生长代谢对营养的要求，所以，在废气的生物处理中需要向生物反应器中投加适宜的营养物质才能保证处理效果。

根据生物反应器中使用的介质性质不同，废气的微生物处理方法可分为微生物吸收（洗涤）法、微生物滴滤法和微生物过滤法，其中微生物吸收（洗涤）法采用液态介质，生物滴滤法和生物过滤法采用固态介质。

6.2.1.1　微生物吸收(洗涤)法

微生物吸收(洗涤)法是利用由微生物、营养物和水组成的微生物吸收液处理废气,适合于吸收可溶性的气态污染物。微生物混合液吸收了废气后进行好氧处理,去除液体中吸收的污染物,经处理后的吸收液再重复使用。

废气的微生物吸收法处理工艺一般由吸收装置和废水生物反应装置两部分组成。吸收主要是物理溶解过程,吸收过程进行得非常迅速,混合液在吸收设备中的停留时间仅有几秒钟,而生物反应的净化过程相对较慢,废水在反应设备中需要停留几分钟至十几小时,所以吸收器和生物反应器要分开设置。废水在生物反应器中一般进行好氧处理,常用活性污泥法或生物膜法。经微生物处理后的废水可直接进入吸收器循环使用,也可以经过泥水分离后再重复使用。废气经过吸收后所剩余的尾气,若有必要,再做净化处理(一般是再送入吸收器)。

还可以利用废水处理厂剩余的活性污泥配制混合液作为吸收剂处理废气,该工艺对脱除复合型臭气效果显著,脱臭效率可达 90%,而且能脱除很难治理的焦臭。

以微生物烟气脱硫技术为例,微生物能够伴随并可参与硫元素循环的各个过程,并且获得能量,成为自身生长不可或缺的重要物质。脱硫细菌在有氧条件下,可将烟气中的 SO_2 氧化成硫酸,而硫酸盐还原菌将 SO_2 还原为 H_2S,之后再利用其他种类的微生物菌将 H_2S 氧化为单质 S,完成了使有毒气体向有重要价值的单质 S 的转化。目前已发现几种脱硫的微生物酶在其中起重要作用,如硫酸酰苷酰转移酶、腺苷酰硫酸还原酶和亚硫酸盐还原酶等。

图 6–16 所示为烟道脱硫的示意图,其主要思想是,先将烟道中的硫化物收集到反应器中,然后通过不同形式反应器内的厌氧菌和好氧菌对硫化物进行处理,最后让气体从液体环境释放出来,通过检测排放到大气中。反应器可直接与水管相连,并适当加入无机盐,也可以连接废水作为微生物的培养基。

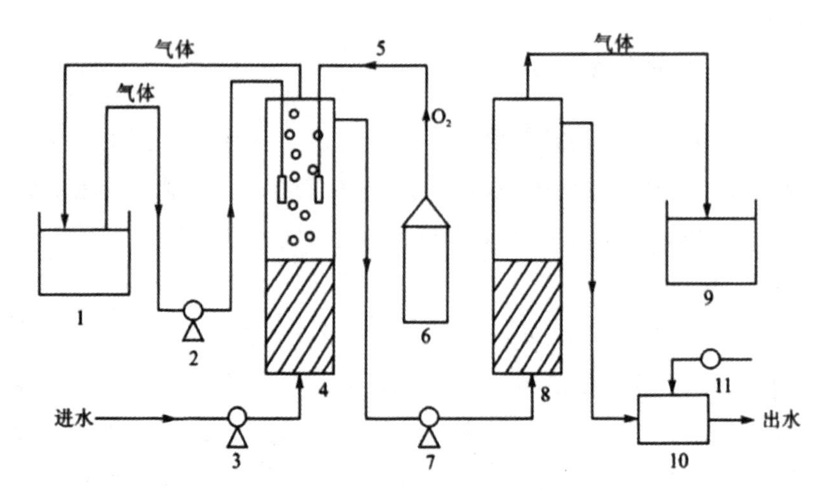

图 6-16　烟道的微生物脱硫工艺流程图

1—集气装置；2—气泵；3—水泵；4—微氧厌氧反应器；5—气体检测装置；6—氧气瓶；7—水泵；8—UASB 反应器；9—集气装置；10—SBR 反应器；11—微电脑时控开关

6.2.1.2　微生物滴滤法

微生物滴滤法处理废气的工艺流程见图 6-17。该工艺以生物滴滤反应塔为主体设备，使用的滤料主要是颗粒状或有孔隙的人工材料，如陶瓷、塑料或金属等，从底部进入的废气在上升过程中被喷淋的混合液充分吸收，并在反应塔底部形成处理系统，在曝气的条件下，微生物将废水中的有机物降解转化，达到稳定或无害化。

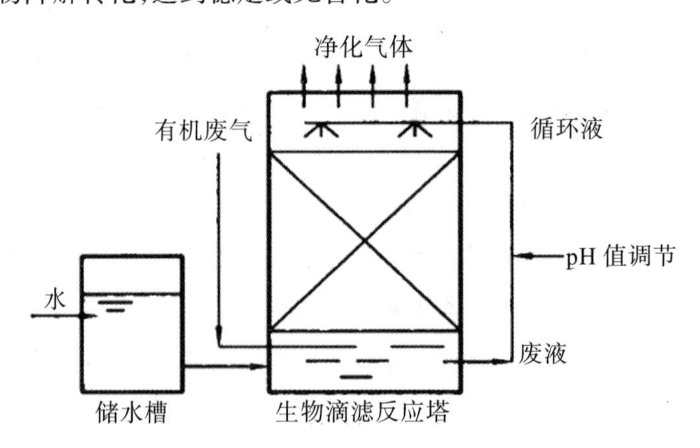

图 6-17　生物滴滤法处理废气的工艺流程示意图

该工艺集废气吸收器和废水处理器为一体，可以处理的挥发性有机物浓度为 100 mg/m^3 ~ 5 g/m^3，流量为 5 ~ 50 000 m^3/h。同时，生物滴滤工艺还可以组成并联或串联系统，这样处理负荷更高。

微生物滴滤法已成功用于动物脂肪加工厂、轻金属铸造厂的含有氨、胺、硫醇、脂肪酸、酚、乙醛和酮等污染物的废气净化和脱臭。

6.2.1.3　微生物过滤法

微生物过滤法使用的固态介质是一些天然材料，常用的固体颗粒有堆肥和土壤，这些材料为微生物的附着和生长提供表面，微生物吸收废气中的污染物，然后将其转化为无害物质。常用的工艺设备有堆肥滤池和土壤滤池。

NO_x（N_2O、NO、NO_2、N_2O_3、N_2O_4、N_2O_5 等）是污染大气的主要污染物之一，主要来自化石燃料的燃烧、硝酸、电镀工业排放的废气以及汽车排放的尾气。NO_x 的排放会给自然环境和人类的生产生活带来严重的危害。NO_x 的危害包括：对人体的致毒作用；对植物的损害作用；参与形成酸雨和酸雾；与碳氢化合物形成光化学烟雾；参与臭氧层的破坏。用微生物净化含 NO_x 废气的原理是：适宜的脱氮菌在有外加碳源的情况下，利用 NO_x 作为氮源，将 NO_x 还原成最基本的无害的 N_2，而脱氮菌本身获得生长繁殖的过程。其中，NO_2 先溶于水中形成 NO_3^- 及 NO_2^-，再被生物还原为 N_2，而 NO 则被吸附在微生物表面后直接还原为 N_2。

具体工艺采用堆肥填料塔或过滤塔，将脱氮菌加载其中，如图 6-18 所示，采用气升式方法通过含微生物的填料，可以有效地脱除烟道中的硫化物和氮氧化物，创造利于微生物生长的条件，可以提高对污染物的脱除率。

6.2.2　处理废气的微生物

微生物是废气处理生物反应器的关键组分，微生物的量和活性对生物净化过程有决定性的影响。一般用自然存在的微生物，如土壤、堆肥中的微生物，污水污泥经过驯化也可以使用。而对于那些难降解物质，则需要接种专门的菌种。

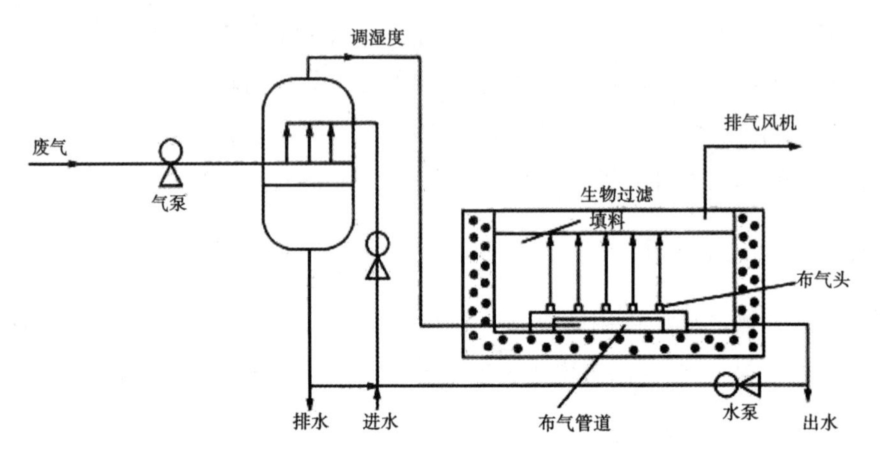

图 6-18 烟道的微生物脱 NO_x 工艺流程图

在废气处理的微生物的研究中，以含 H_2S 废气处理微生物的研究最多，下面主要介绍几种处理 H_2S 的微生物。

（1）厌氧光合细菌。

厌氧光合细菌主要有绿菌科的泥生绿菌（*Chlorobium limicola*）和着色菌科的着色菌（*Chromatium*），在充足的光照情况和 CO_2 存在时，能使 H_2S 氧化为元素硫。

（2）异养菌。

异养菌主要有黄单胞菌（*Xanthomonas*）DY44，能使 H_2S 转变为聚硫化物（polysulfide），可去除甲硫醇（MT）、二甲硫醚（DMS）、二甲二硫醚（DMDS），但 H_2S 去除率低于硫杆菌。

（3）好氧化能自养菌。

好氧化能自养菌主要有产硫硫杆菌（*Thiobacillus thioparus*）、硫氧化硫杆菌（*T.thiooridans*）和铁氧化硫杆菌（*T.ferrooxidans*），其营养要求简单，可生长在生物膜上处理 H_2S 和 CS_2。产硫硫杆菌还可去除 MT、DMS 和 DMDS；硫氧化硫杆菌还可去除乙硫醇、乙硫醚、硫和噻吩等。

（4）兼性厌氧的化能自养菌。

兼性厌氧的化能自养菌主要有脱氮硫杆菌（*T.denitrificans*），以硝酸盐作为电子受体。处理时分两个阶段，第一阶段 SO_2 被脱硫弧菌转化

为 H_2S,第二阶段 H_2S 被脱氮硫杆菌以硝酸盐作为电子受体氧化为 S 或 SO_4^{2-},硝酸盐则被还原为氮气。

近年来,对 VOCs 降解菌的研究有很大发展, VOCs 高效降解菌经过扩大培养接种到生物吸收(洗涤)器和生物滴滤池中。例如,意大利热那亚(Genoa)大学的研究者用不动杆菌(*Acinetobacter*)NCIMB 9689 处理甲苯,用紫红红球菌(*Rhodococcus rhodochrous*)处理苯乙烯;美国密执安(Michigan)大学的研究人员用木糖氧化产碱菌(*Alcaligenes xylosoxidans*)处理蒎烯等。

6.3　废物的微生物处理

固体废物(solid waste)简称废物,是指人类生产和生活过程中丢弃的固态或半固态物质。城市生活垃圾(municipal garbage)则是城市日常生活中产生的固体废物。它含有大量有机物以及细菌、病毒、寄生虫卵、杂草种子等,是蚊蝇滋生的场所,微生物生长繁殖的温床,疾病传播的媒介。

对城市垃圾、污泥、作物秸秆和畜禽粪便等固体有机废物的处理和处置,也同其他废物处理一样,应遵循资源化、无害化和减量化的原则。目前处理有机固体废物的方法主要有堆肥法、厌氧消化法、填埋法和焚烧法。堆肥法、厌氧消化法和填埋法属于生物处理法,用于处理可生物降解的有机固体废物;焚烧法属于化学处理法,用于处理不可随意排放的危险性废物以及生活垃圾等。生物法处理可以获得有用的产物堆肥,回收能源、耗能和运行成本低,但处理时间长,占地面积大;焚烧法在废物减量化方面优点突出,可以利用燃烧产生的热能,但能耗仍然较高。

近年来,生物技术的进步使其在固体废弃物无害化处理领域内的应用日渐广泛,从传统的堆肥技术到各种先进厌氧发酵技术、生物能源回收技术等。特别是有害废物无害化过程中生物技术的应用取得了长足的进步。从世界范围看,对固体废弃物采用的策略逐步从无害化处理向回收资源和能源方向发展，生物技术的进步为这一发展方向提供了有效手段。

6.3.1 堆肥法

垃圾堆肥法是很好的生物处理法，这种方法在国内外有着广阔发展的前景。从国外发展趋势看，堆肥法被认为是解决城市垃圾和下水污泥的重要途径，例如，在荷兰和法国堆肥法处理的城市废物占总垃圾量（质量）的20%，比利时占9%，美国占5%，德国占3%。从我国农业发展的情况看，更需要大量有机肥料作为土壤改良剂，因而需要生产出优质堆肥，特别是肥效高的放线菌堆肥。我国每年有超过一亿吨的生活垃圾产生，如果能将其中的有机垃圾用于生产堆肥，将会在我国农田培肥、作物增产、调整我国化肥工业氮、磷、钾严重失调上发挥巨大作用。因此，堆肥法被称为垃圾处理的“最切合实际的生物处理法”。

6.3.1.1 堆肥处理概述

堆肥处理是在人工控制条件下，利用自然界广泛分布的细菌、放线菌和真菌等微生物将有机固体物质降解，向稳定的腐殖质进行生化转化的微生物学过程。在这一过程中，有机质（包括一些复杂的有机质，如纤维素、半纤维素、木质素等）被分解，其终产物为简单的无机物 CO_2、H_2O、矿物质等，有机物还会形成性质稳定的大分子的腐殖质物质，同时释放出大量热能。有机固体废物经堆肥处理后，其产物中含丰富的氮、磷营养物质和有机物质，故称为堆肥。堆肥呈深褐色、质地松散、有泥土味，是一种极好的土壤调节剂和改良剂。其主要成分为腐殖质，故也称“腐殖土”。废物经过堆肥化，体积一般可减少30% ~ 50%。按其需氧程度可区分为好氧堆肥和厌氧堆肥，现代化的堆肥工艺基本上都是好氧堆肥，这实际上是有机基质的微生物发酵过程。

（1）垃圾堆肥的预处理设备。

垃圾堆肥的预处理机械设备主要由各种破碎机、混合设备、输送设备和各类分选设备组成。在垃圾堆肥工艺中，破碎设备的功能是为发酵设备提供合格的物料粒度，以缩短发酵时间，提高发酵速率。破碎设备主要有冲击式破碎机、槽式粉碎机、旋转磨碎机和剪切机，主要用于处理城市固体废物、废纸、波纹薄纸板和庭院废弃物等。

分选设备的功能是回收物料、减少惰性废物和化学废物，提高可堆肥化有机物的比例，同时分选出可利用的资源化材料。采用滚筒筛先把不宜堆肥的杂物选出，筛下物再加入适量的粪便或污泥，调节水分后送堆肥发酵槽。

（2）垃圾堆肥的辅助设施。

①存料区。

在堆肥厂中，为了临时储存将送入处理设施的垃圾，以保证能均匀地把垃圾送入处理设施，并为了防止当进料速度大于生产速度或因机械故障、短期停产而造成垃圾堆集，待处理的垃圾在处理前必须配备一个储存的场地，称之为存料区。存料区必须建立在一个封闭的仓内，由垃圾车卸料地台、封闭门、滑槽、垃圾储存坑等组成。一般处理能力在 20 t/d 规模以上的堆肥厂都必须设置存料区。

②储料池。

储料池是一个底部设有垃圾传送设备的垃圾储料设施，它由地坑（地坑有适当的斜度并在底部设置集水沟）、垃圾输送设备、雨棚等组成。其功能和垃圾存料区相同，但是结构较简单，造价便宜，适于处理 20 t/d 以下的堆肥厂。地坑容积一般为 10 ~ 20 m^3，通常设置在地下，故要求其承受水压和土压，承受堆集废物重力和内压，不受废物的流出影响，并承受废物吊车铲车的冲击。

此外，为了易于排放由堆集废物中挤榨出的废水，防止其渍积在地坑内，必须使地坑有适当的斜度并在底部设有集水沟。

③给料装置。

待处理的垃圾由存料区或储料池送入处理设施，必须通过给料装置来完成。通常使用的给料装置有起重抓斗、板式给料机、前端斗式装载机等。

起重机抓斗：起重机抓斗容量大，不易出故障，运行费用低，能满足一般堆肥厂的要求，所以使用比较普遍。

板式给料机：板式给料机供料均匀，供料量可调节，一般在 30 ~ 50 m^3/h，供料最大粒径为 110 mm，承受压力大，送料倾斜度可达 12°。

前端斗式装载机：前端斗式装载机具有生产力较高、造价高、易出故障、运行费用高等特点。除可完成给料工作外，还有造堆、运输装车等多种用途。

④堆肥厂内运输与传送装置。

堆肥厂的运输与传送装置是用于堆肥厂内提升、搬运物料的机械设备。它用来完成新鲜垃圾、中间物料、堆肥产品和二次废物残渣的搬运等。为了保证堆肥化工艺流程的实施、提高垃圾处理效率、实现堆肥厂机械化和自动化，关键是合理地选择堆肥厂内物料运输与传送形式。同时，它也是降低工程造价和工厂运行费用的重要环节。

⑤分选设备。

物料的粗分选可采用螺旋筛、振动筛、圆盘筛、干燥型密度分选机、多级密度分选机、半湿式分选破碎机、风选机、磁选机、非铁金属分选机等。主要分选设备及分选物见表6-1。

表6-1　主要分选设备及分选物

主要分选设备	主要分选物	主要分选设备	主要分选物
旋转筛分机	可堆肥物、炉渣、塑料、尼龙、木头纤维、纸(可燃物)	半湿式分选破碎机	可堆肥物、不可燃物、塑料、纸类、重金属类、金属铁类
振动筛分机		风选机	
圆盘筛分机		磁选机	
密度分选机	可堆肥物质、轻金属、整块金属	非铁金属分选机	金属铝类
		其他分选机	玻璃瓶、干电池

⑥通风和翻动设备。

通风设备有鼓风机和引风机。翻动设备是将垃圾和空气充分接触并保持一定的空隙，翻动设备有螺旋钻、短螺旋桨、刮板式、耙子式以及铲车翻动、滚筒滚动等方式。

(3)垃圾堆肥的熟化设备。

只有经过熟化堆肥才是有价值的产品，才能成为被植物吸收的有用养料，而且熟化堆肥能有效地防止二次污染。熟化堆肥的工艺方法及设备也是多种多样的，熟化过程中微生物的代谢不像一次发酵那样激烈，在无条件的情况下，可以采用静态条垛式堆放，一般高3 m，可以适当给予通风。有条件考虑大规模生产的地区,可以采用多层式或多层立式发酵塔、桨式立式发酵塔、水平桨式翻堆机等分解设备,更多的是采用仓式熟化设备。

①皮带式熟化仓。物料经桥式布料机送进料仓,桥式布料机在料仓的顶部轨道上移动,这样物料就随布料机的纵横移动均匀而等高地布置在料仓内,高度为2.5 ~ 3.0 m,熟化时间为20 ~ 30 d。

②板式熟化仓。经过分选和破碎后的物料被送进旋转发酵装置内,破碎、搅拌后形成均质的生堆肥,然后物料又被送进平板发酵仓内,发酵时间为7 ~ 10 d,经过发酵后再经过精处理制成堆肥。发酵系统主要是由单平板叶片组成,并由齿轮齿条驱动。这个单叶片通过从左向右旋转来搅拌物料,又从右到左空载回位,然后往复,叶片搅拌量可调。发酵仓是封闭的且有一定负压,可防止臭气泄漏出来。发酵仓内配有通气装置,以保持好氧条件,并配有水龙头和排水装置来控制水分。

(4)垃圾堆肥的后处理设备。

垃圾堆肥的后处理设备包括分选、研磨、压实造粒、打包装袋等设备,在实际中,根据需要来选择组合后的处理设备。垃圾堆肥后处理的目的是为了提高堆肥产品的质量,精化堆肥产品,物料经过熟化后,必须除去其中的玻璃、陶瓷、木片、纤维、塑料和石子等杂质。

①分选机械设备。由于经预处理及二次发酵后的堆肥粒度范围往往远远小于预处理的物料粒度范围,因此后处理分选设备比预处理分选设备更精巧,多采用弹性分选机和静电分选机等分选设备。

②造粒精化设备。造粒精化设备(造粒机)用于堆肥物料的粒化,使其便于储存和运输,以便适应季节对堆肥需求的变化。

③打包机械。为了方便运输、管理和保存,常用打包机包装堆肥产品,而且是根据堆肥的数量和用途来选择包装材料、大小、形状和包装机的规格。

④小型焚烧炉。用于焚烧一次分选出的不能再利用的可燃物。

我国是一个农业大国,用肥量大,在垃圾分类回收的基础上,利用生物技术堆肥处理城市生活垃圾是实现城市垃圾资源化、减量化的一条重要途径。

6.3.1.2　好氧堆肥的概念

高温堆肥又称好氧堆肥,它是指在有氧条件下,借助好氧微生物的作用,将垃圾堆体中不稳定的有机物腐熟为稳定的腐殖质类物质的过程。高温堆肥所需的微生物可以来自生活垃圾内固有的微生物种群,也可以来自人工投加的微生物菌剂。

有机堆肥好氧分解要求的条件:①C∶N在25∶1～30∶1发酵最好,有机物含量若不够,可掺杂粪肥。②湿度适当,30℃时,含水量应控制在45%,45℃时,含水量控制在50%左右。③氧要供应充分,通气量0.05～0.20 $m^3/(min \cdot m^2)$。④有一定数量的氮和磷,可加快堆肥速率,增加成品的肥力。⑤嗜温菌发酵最适温度30～40℃,嗜热菌发酵最适温度55～60℃,5～7 d能达到卫生无害化。整个发酵过程中pH在5.5～8.5,好氧发酵的初期由于产生有机酸,pH在4.5～5.0,随温度升高氨基酸分解产生氨,一次发酵完毕,pH上升至8.0～8.5,二次发酵氧化氨产生硝酸盐,pH下降至7.5为中偏碱性肥料。由此看出:在整个发酵过程中,不需外加任何中和剂。⑥发酵周期7 d左右。

6.3.1.3　好氧堆肥的微生物学过程

好氧堆肥是有机固体废物的好氧分解方法。在堆肥过程中,料温具有中温→高温→中温的阶段性变化,微生物的温度类型相应有中温型—高温型—中温型的阶段性更替。根据堆肥过程中温度变化和微生物生长情况,可人为地把堆肥过程分为四个时期。

(1)潜育期。

潜育期是有机物料刚堆制好的一段时期,由于从物料中带入的微生物刚进入一个新的环境,需要一段调整适应时期。这一时期内,微生物基本不生长繁殖,堆温基本上没变化。

(2)中温期。

经过一段调整适应时期后,以中温型好氧微生物为主的各类微生物开始大量生长繁殖,这些微生物中最常见的是无芽孢细菌、芽孢细菌和霉菌等,它们旺盛地分解易降解的有机物(如简单糖类、淀粉、蛋白质等),产生大量的热能，使堆温不断升高，直至达到 50 ℃左右。这一过程称为中温期，也称升温期，或称发热阶段。

（3）高温期。

进入中温期后，温度进一步上升，温度高达 70 ℃甚至更高，即进入高温期。这一阶段是有机质的分解和有害生物的杀灭最有效的时期。其间，除残留的和新形成的可溶性有机质继续分解外，复杂的有机物如纤维素、半纤维素、果胶等也开始在这一阶段分解，出现了与有机质分解相对立的过程即腐殖化过程，并开始出现能溶于弱碱的黑色物质，有机污染物逐渐趋于稳定。在高温阶段，高温型好氧微生物代替了中温型微生物成为优势种。它们主要是好热性细菌、放线菌和真菌的一些种群，如嗜热脂肪芽孢杆菌、高温单胞菌、嗜热放线菌、热纤梭菌、嗜热真菌、白地霉、烟曲霉、微小毛壳菌、嗜热子囊菌和嗜热色串孢。这些微生物在高温下能分解纤维素、半纤维素、果胶、木质素、淀粉、脂肪、蛋白质，有些甚至可以分解塑料，从而使固体废物得到净化。

高温不仅使堆肥快速腐熟，而且能杀灭病原生物，一般认为 50 ~ 60 ℃的堆温，持续 6 ~ 7 d，对虫卵和病原菌即可达到较好的致死效果。堆肥操作法可以维持 50 ℃以上的高温达 20 d 以上。如果降温早，高温期就短，表明堆肥条件不够理想，植物性物质未充分分解。这时可以翻堆，将堆积的材料重新拌匀，再次封堆，使其产生第二轮升温。

（4）腐熟期。

经历一段高温期以后，废物中的有机物包括较难分解的纤维素等已大部分被分解，剩下的是木质素等难分解的有机物以及新形成的腐殖质。这一过程称为腐熟期，这时，好热性微生物的活动减弱，产热量减少，温度逐渐下降。当堆温回复到中温水平时，中温型微生物又开始活跃并成为这一阶段占优势的微生物类型。残余有机物被分解，腐殖质不断积累，堆肥处理进入腐熟期。这一时期有机质的分解量较小，过程较缓慢，有利于腐殖化。一些复杂的有机质与铁、钙、镁等物质相结合形成腐殖质胶体，从而完成了有机质的分解和再合成过程。

当堆温回复到 40 ℃时,表示物料已基本达到稳定,基本达到腐熟的程度,可以使用或用于配制复合肥料的原料。

腐熟的堆肥如暂不使用,应停止通气,并将其压实压紧,造成厌氧状态,使有机质的矿化作用减弱,避免肥效损失。因此,这一时期又称为腐熟保肥阶段。为了防止在厌氧条件下具有恶臭的硫醇、甲硫醚、二硫化物及二甲胺等生成物的挥发扩散,需在堆上覆盖一层熟化后的堆肥,厚度约为 30 cm。覆盖的堆肥层应疏松湿润,使之能更好地吸收和降解转化堆肥中逸出的恶臭气体。

腐熟的堆肥,表面呈白色或灰白色,内部呈黑褐色或棕黑色;秸秆和粪块等完全腐熟,质地松软,无粪臭,散发出泥土气味,不招引蚊蝇,pH 为 8 ~ 9,呈弱碱性。

6.3.1.4 好氧堆肥技术

好氧堆肥技术的工序与功能如下。

(1)前处理。

前处理的目的是将垃圾中不适合堆肥的粗大废物,影响机械正常运行的条状、棒状废物及对堆肥产品质量有影响的金属、玻璃砖瓦等无机废物通过筛分、破碎、分选等手段除去,并使堆肥原料和含水率达到一定程度的均匀性,使原料的表面积增加,提高发酵速度。原料破碎的粒径越小,表面积越大,但并不是要求堆肥原料粒径越小越好,在考虑表面积的同时,还要考虑破碎的能量消耗及原料的孔隙率,以保持良好的供氧条件,即堆层的通气性。此外,堆肥原料还要求有一定的水分和适宜的碳氮比,不是所有用于堆肥的原料都符合这些要求,因此,在堆肥发酵处理之前,必须通过预处理来进行调整。

前处理包括破碎、分选、筛分等工序。分选用于去除不能用于堆肥生产的物料;破碎用于增大堆料的表面积,促进微生物分解;筛分用于提高物料的均一性,以利发酵过程控制。从理论上讲,垃圾粒径越小,越有利于微生物附着;但粒径过小会影响堆体通气。堆料粒径一般控制在 12 ~ 60 mm。

前处理工艺的选择和确定必须充分考虑处理垃圾的性质及前处理

的卫生条件，在满足前处理要求的前提下，工艺应越简单越好，设备越少越好。

（2）主发酵。

在微生物作用下，堆料中的有机物被迅速分解，释放大量热能，致使堆体温度升高。通常把堆温开始上升到堆温开始下降所持续的微生物作用，称为主发酵（又称一次发酵）。经过主发酵，堆料中的有机物大部分被分解。以城市生活垃圾与家畜粪尿为物料的高温堆肥，主发酵时间为 4 ~ 12 d。主发酵既可放置在露天进行，也可放置于发酵装置内进行；有机物分解所需的氧气可以通过翻堆提供，也可以通过风机供给。

（3）后发酵。

使主发酵中未分解的有机物进一步分解，并转化为腐殖质类稳定产物的微生物作用，称为后发酵（又称二次发酵）。后发酵的堆料高度一般为 1 ~ 2 m，必要时采用翻堆或通风供氧。后发酵所需的时间取决于堆肥用途。若用于温床，则经过主发酵的堆肥无须再进行后发酵；但若用于大田，则必须进行后发酵。后发酵时间通常为 20 ~ 30 d。

（4）后处理。

经过主发酵和后发酵处理，垃圾中的有机物被破碎，体积大大缩小。但其中所含的塑料、玻璃、陶瓷、金属、小石块等杂物依然存在，因此需要分选，去除杂物。

（5）脱臭。

堆料堆制中会产生臭味，需作脱臭处理。露天堆肥时，堆料表面覆盖一层熟化堆肥即可进行堆肥过滤除臭，恶臭成分由熟化堆肥吸附，并被微生物分解。若以土壤代替熟化堆肥，即为土壤过滤除臭，其工作原理与堆肥过滤除臭相同。

（6）贮存。

堆肥使用具有季节性，冬季用量较小，需要暂时贮存。熟化堆肥可贮存于发酵仓内，也可用袋分装，两者都要求干燥、透气，否则影响堆肥质量。

6.3.1.5 堆肥工艺

固体废物堆肥处理的工艺类型很多，按操作是否连续，可分为间歇式和连续式堆肥两大类；按反应器特点，分为反应器型和非反应器型。细分为非反应器型的静态堆肥工艺和反应器型的机械搅拌式堆肥工艺、立仓式堆肥工艺、滚筒式堆肥工艺等。其中，静态堆肥工艺和机械搅拌式堆肥工艺为间歇式堆肥，立仓式堆肥工艺和滚筒式堆肥工艺为连续性堆肥。反应器型堆肥发酵一般分两阶段，第一阶段高温发酵，发酵结束以后移出反应器进行二次发酵（熟化）。

6.3.2 厌氧消化法

厌氧堆肥法是在无氧条件下，借厌氧微生物的作用来进行的。最近，又有新的研究表明，利用城市生活垃圾厌氧消化，可以将其中的有机物转化为 H_2，这一研究进一步扩大了厌氧消化的概念。

6.3.2.1 厌氧消化的工艺类型

厌氧消化工艺包括从发酵原料到生产沼气的整个过程所采用的技术和方法。

（1）传统消化工艺类型。

①按温度分类。

高温发酵工艺：高温发酵的最佳温度范围是 47 ~ 55 ℃，其特点是微生物特别活跃，有机物分解消化快，产气率高，滞留期短。主要适用于处理温度较高的有机废物。维持发酵温度的办法有很多种，最常见的是锅炉加温。锅炉加温有两种方法：一种是蒸汽加温，就是将蒸汽通入安装于池内的盘旋管中加温发酵料液，但管内温度很高，管外很容易结壳，影响热的扩散；也可以将蒸汽直接通入沼气池中，但会对局部微生物菌群造成伤害。二是用 70℃的热水在盘管内循环，效果比较好。不论采用哪种加温方式，都应该注意要尽量减少运行中热量的散失，特别是在冬季，要提高新鲜原料进料的温度，因此原料的预热和沼气池的保温都是非常重要的。高温发酵对原料的消化速度很快,一般都采取连续进料和连续出料。高温厌氧消化必须进行搅拌,对于蒸汽管道加温的沼气池,搅拌可使管道附近的高温区迅速消失,使池内消化温度均匀一致。

中温发酵工艺:中温发酵工艺的发酵料液温度维持在(35 ± 2)℃范围内。这种工艺因料液温度稳定,产气量也比较均衡。

自然温度发酵工艺:自然温度发酵是指在自然界温度下,发酵温度发生变化的厌氧发酵。这种工艺的发酵池结构简单、成本低廉、施工容易、便于推广。但该工艺的发酵温度不受人为控制。

②按发酵阶段划分的工艺类型。

单相发酵工艺:单相发酵将沼气发酵原料投入一个装置中,使沼气发酵的产酸和产甲烷阶段合二为一,在同一装置中自行调节完成。我国农村全混合式沼气发酵装置和现在建设的大中型沼气工程大多采用该种工艺。

两相发酵工艺:两相发酵也称两步发酵。一般认为甲烷发酵主要过程中,微生物菌群可分为不产甲烷细菌群和产甲烷细菌群,这两类菌群分别在甲烷发酵的不同阶段形成优势菌落。这两类细菌在营养要求、生理代谢、繁殖速度和对环境的要求等方面有很大差异。两步发酵工艺,是1971 年才开始研究的沼气发酵工艺。在产酸阶段酸化菌群繁殖较快,故滞留期较短,而产甲烷阶段的滞留期较长。对有机物浓度达每升数万毫克的料液,一般产酸阶段滞留期为 1 ~ 2 d,产甲烷阶段滞留期为 2 ~ 7 d。所以前者的消化器容积较小,而后者的容积较大。

③按投料运转方式分类。

连续发酵工艺:从进料启动后,经过一段时间的发酵产气,每天或随时连续定量地添加发酵原料和排出旧料,其发酵过程能够长期连续进行。连续发酵工艺适于处理来源稳定的大、中型畜牧场的粪便等。

半连续发酵工艺:启动时一次性进入较多的发酵原料(一般占整个发酵周期投料总固体量的 1/4 ~ 1/2),经过一段时间开始正常发酵产气。该工艺适用于有机物污泥、粪便、有机废水的厌氧处理和大中型沼气工程,该工艺在我国农村沼气池的应用已较为成熟,其相关发酵工艺参数可为城市有机垃圾的半连续发酵处理提供参考。

批量发酵工艺：批量发酵是一种简单的沼气发酵类型，即将发酵原料和接种物一次性装满沼气池，中途不再添加新料，发酵周期结束后，一次性取出旧料再重新投入新料发酵。批量发酵的特点是产气初期少，随后逐渐增加，直到产气保持基本稳定，再后产气又逐步减少，直到出料。一个发酵周期结束后，再成批地换上新料，开始第二个发酵周期，如此循环往复。

④按发酵级差划分工艺类型。

单级沼气发酵工艺：产酸发酵和产甲烷发酵在同一个沼气发酵装置中进行。从充分提取生物质能量，杀灭虫卵和病菌的效果，以及合理解决用气、用肥的矛盾等方面看，它是不完善的、产气效率也比较低。

两级沼气发酵工艺：两级沼气发酵就是用两个容积相等的沼气池。第一个沼气池供发酵用，安装有加热和搅拌系统，主要是产气，总产气量达到 80% 时，用虹吸管将消化液输送到第二个沼气池内，使残余的有机物彻底分解。第二个沼气池主要是对有机物进行彻底处理，不需要加温和搅拌。对于大型的两级发酵装置，若采用大量纤维素物料发酵，为防止表面结壳，第二级发酵装置中仍需设置搅拌系统。

多级沼气发酵工艺：多级沼气发酵和两级发酵相似，只是发酵物经过三级、四级甚至更多级的发酵后，更彻底地去除了 BOD。多级沼气发酵是把多个发酵装置串联起来进行多级发酵，可以保证原料在装置中的有效停留时间，但是总的容积与单级发酵装置相同时，多级装置占地面积较大，装置成本较高。

⑤按发酵浓度划分工艺类型。

液体发酵工艺：液体发酵是指发酵料液的干物质含量控制在 10% 以下的发酵方式，在发酵启动时，加入大量的水或新鲜粪肥调节料液浓度。由于发酵料液干物质含量较低，运输、储存或施用都不方便，而出料中含有大量残留的沼渣、沼液，如用作肥料，就必须承受高昂费用来进行处理实现达标排放。

干发酵工艺：干发酵又称固体发酵，其原料的干物质含量在 20% 左右，含水率为 80%。生产中如果干物质含量超过 30%，则产气量会明显下降。为了防止酸化现象的产生，常用的方法有：a. 加大接种物用量,使酸化与甲烷化速度能尽快达到平衡,一般接种物用量为原料量的 1/3 ~ 1/2; b. 将原料进行堆沤,使易于分解产酸的有机物在好氧条件下分解掉一大部分,同时降低了碳氮比; c. 原料中加入 1% ~ 2% 的石灰水,以中和所产生的有机酸,堆沤会造成原料的浪费,所以在生产上应首先采用加大接种量的办法。

⑥按料液流动方式划分工艺类型。

无搅拌的发酵工艺: 无搅拌的发酵是指沼气池未设置搅拌装置的发酵过程,无论发酵原料是非匀质的还是匀质的,只要其固体物含量较高,在发酵过程中料液会自动出现分层现象。由于沼气微生物不能与浮渣层原料充分接触,上层原料难以发酵,下层沉淀又占有越来越多的有效容积,因此原料产气率与池容产气率都较低,所以必须采用大换料的方法排出浮渣和沉淀。

全混合发酵工艺: 采用混合措施或装置进行发酵的工艺流程。发酵池内料液处于完全均匀或基本均匀状态,微生物能与原料充分的接触,整个投料容积都是有效的。

塞流式发酵工艺: 塞流式发酵工艺是在一种长方形的非完全混合式消化器中进行的。在进料端呈现较强的水解酸化作用,甲烷的产生随着向出料方向的流动而增强。由于进料端缺乏接种物,所以要进行固体回流。为了减少微生物的冲出和维持运行的稳定,在消化器内应设置挡板。

上述各种沼气发酵工艺,各适用于一定原料和一定发酵条件及管理水平。固体物含量低的废水多采用升流式厌氧污泥床,固体含量高的应采用升流式固体反应器和厌氧接触工艺,高固体原料可结合生产固体有机肥采用两步发酵工艺及干发酵工艺。在实际生产中选择哪种发酵工艺,要根据具体情况来确定。

(2)现代大型工业化消化工艺流程。

城市垃圾生物制气工艺可分为批式反应工艺、一步反应工艺和两步反应工艺。批式反应工艺最简单、价格最便宜,此工艺在发展中国家很有发展潜力。两步反应工艺最复杂、最昂贵。该工艺最大的优势在于第一步反应均等的有机负荷率,使得第二步产甲烷反应有持续不变的填充率。安有生物积累装置的两步反应工艺,其第二步反应可以抵抗毒物以及其他抑制物质如氨水。然而，工业上大多数应用一步反应系统，又可分为干式（直接消化）和湿式（垃圾固体含量12%）。

①一步反应工艺。

一步反应工艺中，所有反应同时发生在一个反应器，而两步反应工艺，反应逐步地发生在两个反应器中。欧洲目前大约90%的厌氧发酵处理城市垃圾的工厂采用一步反应工艺，又可平分为湿式和干式一步反应工艺。

湿式一步反应工艺：湿式一步反应工艺中总固体量<15%。搅动式消化器基本都采用湿式消化方式。第一座采用此处理工艺建造的城市垃圾厌氧消化厂1989年建于芬兰。3座直立的螺旋混合机连续的破碎、均匀混合，稀释垃圾。最终，加入水（包括循环回收的水）使得总固体含量为15%。之后，混合物在消化器中发酵，直立叶轮使得固体总是位于表面。

目前，许多技术方面的问题尚待解决。首先，城市固体垃圾的性状对生化降解和沼气产量有很大影响。例如，机械分选的城市固体有机垃圾的生物降解性就不如源头分选的城市固体有机垃圾。因此，一个完整的工厂应包括转动筛、搅拌机、压力机、破碎机和浮选设施。

这些预处理步骤不可避免地浪费掉15%～25%的有机固体，就会改变最终沼气的产量。其次，泥浆式垃圾并不能保持固体的均匀，因为一方面较大的垃圾会沉降下去，另一方面消化阶段垃圾会产生浮动泡沫层，这导致消化器中会形成不同密度的三层。较重的颗粒会沉积到消化器底部，可能会损坏螺旋推进器；最上面的浮动层累积在反应器上部，阻止垃圾高效地混合。因此必须周期性地去除反应器中顶部和底部的物质。因为大颗粒会损坏压力泵。在进入反应器前必须用特殊设计的水力旋流器或碎浆机尽量去除。

湿式消化有机固体垃圾典型的有机负荷率在5～10 kg VS/(m^3·d)。这和城市垃圾的成分组成有关。由于去除杂物损失了不少有机垃圾。相对于干式系统，湿式系统产气率较低。此外，稀释垃圾过程水分消耗相对太多。

干式一步反应工艺：20世纪80年代的研究表明干式一步反应工艺

沼气产率至少和湿式一步反应工艺相当。工艺技术的问题不是在于能不能保持反应器中高固体含量，而是大型机械设备的不足。干式体系中，反应堆中发酵物总固体含量为 20% ~ 40%。因此，只有总固体含量大于 60% 的垃圾需要用水来稀释。高固体含量垃圾分选、混合预处理方法与湿式体系不同。采用传送带、螺旋机和为高黏性固体特别设计的强力泵传送处理垃圾。这种设备要比湿式系统的离心泵要贵。由于固体垃圾含量在 20% ~ 50%，易于处理，如石头、玻璃、木头等杂质不会造成任何阻碍，因此这些装备性能更优良。唯一有必要的预处理就是使得进入反应器的物质直径小于 40 mm。

由于高黏度，发酵垃圾由塞子流入反应器，不需要反应器内有任何机械装置。目前，至少有 3 种设计在工程处理固体垃圾方面有较好的效果。

Franco 工艺中，底部提取的循环垃圾和新垃圾（新旧比为 1 : 6）混合，再用压力泵压至反应器顶部。这种设计对于处理总固体含量为 20% ~ 50% 的垃圾特别有效。Kompogas 工艺与 Franco 工艺类似，区别在于流动塞在水平的圆柱反应器上。水平流动是半自动的，通过反应器内缓慢旋转叶轮，使得垃圾均匀，并可排气。这套系统需要仔细调节反应器内总固体在 23% 左右。若少于 23%，重颗粒如沙子、玻璃会沉降、累积在反应器中，而高于 23% 流通会有更多的阻碍。

Valorga 工艺不同之处在于水平流动在圆柱反应器中循环、混合，沼气被高压注射到反应器的底部。每 15 min 注射一次沼气。由于机械限制，Kompogas 反应器的容积是固定的，需要通过建立多个平行的反应器调节工厂的处理能力，每个处理能力为 15 000 或 25 000 t/a。系统可能的问题在于注射装置容易堵塞，机械需要维护。

挥发性固体的损失，三种干式反应器比较相似。沼气产量为 210 ~ 300 m^3/t 挥发性固体，损失 50% ~ 70% 挥发性固体。

干式工艺的区别在于有机负荷率。Valorga 工艺的有机负荷率为 5 kgVS/(m^3/d)，和湿式系统相似。Franco 则可以达到 15 kgVS/($m^3 \cdot d$)。

总之，一步反应干式消化较湿式消化有更高的有机负荷率。而且，干式消化要比湿式消化产气量多一些，因为需要去除的物质较少（有 10% 的差别）。

②两步反应工艺。

两步反应的原理是城市有机固体垃圾转化为沼气全部由生化反应来调节。分别优化反应的不同步骤会使反应更完全,以及更大的产气量。一般来说,第一步反应是水解、酸化过程,厌氧消化降解菌会限制反应率。第二步反应是产甲烷过程,产甲烷菌的生长会限制反应率。在不同消化器发生两步反应,可通过增加第二步反应器的停留时间提高甲烷产率。两步反应体系不仅有较高的甲烷产率,还大大提高了垃圾生化反应的稳定性。

无微生物滞留:实验室使用的最简单的就是两个完全混合的连续反应器,垃圾进入消化器前被粉碎、稀释至固体含量约为 10%。

另一种设计为双流程反应器的联合,可以是湿式 - 湿式模式,也可以是干式 - 干式模式。圆柱形的发酵仓位于上部,可以发生塞流。首次循环,发酵仓平面被推动泵抬高一段时间,这导致平衡仓液面下降。这样,混合并形成气泡。较重的颗粒下沉到反应器的底部并被去除。这种工艺的缺点在于第一个反应器会有甲烷生成,水解率有所限制。

调整垃圾到固体含量 34%,通过逆流而上的氧气,有机垃圾部分水解,由于呼吸作用,约 2% 的有机物损失。微氧条件下发生水解反应的原因在于呼吸作用消耗的 COD 要比液化补偿的多很多,而且,发生的比厌氧条件下更快。经过两天的停留时间,预消化垃圾用泵送到水平流向的产甲烷反应器中。垃圾在 55℃停留 25 d,固体含量为 22%。

如上所述,两步反应系统主要的优势在于生物稳定性。它可以应用于处理降解迅速的垃圾如水果和蔬菜。例如,对于高生物降解性的厨余垃圾,两步反应系统对有机负荷率的波动的缓冲效果要比一步反应体系要好。然而,对垃圾特殊处理后,对于普通有机负荷率的垃圾,一步湿式体系比两步反应体系要好,即便是对于易降解有机垃圾。

对于产气率和最大有机负荷率,一步反应体系和两步反应体系还是有所不同。例如,Heppenbeim 的 BRV 工厂,设计有机负荷率为 8 kg/(m^3 ·t),而 Schwartingude 工艺则是 6 kg/(m^3 ·t)。沼气产率也比较相似。

微生物滞留:为了增加沼气产量,在第二步反应过程中可以提高产甲烷菌量,有两种基本方法。第一种,在第二步反应消化器中增加产甲烷菌的浓度,分开水和固体停留时间。从而增加了产甲烷消化器内的固体含量。累积的固体可以反映细菌活性,只有当垃圾原有的固体含量低于15% 才会丧失生活活性。一种方式是分开固体和水的停留时间,采用内置澄清机的相接反应器。此外,还可以在第二步反应前用膜过滤固体垃圾,维持反应器细菌的浓度。另一种方法是在第二步反应器上添加产甲烷菌培养基,从而增加甲烷产量。在两步反应工艺中,第一步有机负荷率不能低于 4 kgVS/(m^3·d)。研究表明,C/N 在 15 之上更适于一步反应工艺, C/N 低于 10 则只适于两步反应。对于土壤和工业垃圾,在两步反应消化器消化 10 ~ 20 d 有 50% ~ 70% 的有机物可以被降解。沼气产量为 300 ~ 500 m^3/(t·VS)。

③批式工艺。

批式工艺,反应器一次填充满垃圾,可以降解湿垃圾(少于 15% 总固体)或干垃圾(30% ~ 40% 总固体)。尽管批式工艺被称为“盒子中的垃圾填埋场”,但批式工艺要比垃圾填埋厂沼气产率要高 50 ~ 100 倍,主要由于两个基本特性。第一,渗滤液连续循环,使得养料、营养和酸类部分混合;第二,批式体系是在高温条件下运行。在单体批式工艺中,渗滤液从反应器上部循环。这是 BIOCEL 工艺的原理,在荷兰 Lelystad 的工厂应用。

年处理 3.5 万 t 分类生物垃圾,在 14 个混凝土反应器中填满垃圾,每个有效体积为 480 m^3,同时运行。渗滤液,用放在反应器下的室收集,喷溅在发酵垃圾的上部。工艺的缺点在于,穿孔地板的堵塞,会阻碍渗滤液收取。这个问题可以通过限制垃圾厚度(小于 4 m)来修正,这样可以减少压紧状态,还可以混合新垃圾(1 t 脱水消化垃圾和 0.1 t 木屑加1t 新垃圾)。连续的批处理体系,新填充反应堆的渗滤液,包含高浓度的有机酸,可循环到另一个正在发生产甲烷反应的反应器。这个反应器的渗滤液,不含有机酸,含有的碳酸盐可缓冲 pH,加回新的反应器。此外,在批处理 –UASB 混合反应体系,产甲烷的反应器被上流式活性污泥床(UASB)取代。厌氧微生物群落很适合处理液态的高有机负荷的有机酸。Lelystad 的 BIOCEL 工厂平均每吨生物垃圾产生 70 kg 甲烷。处理同样的垃圾,甲烷产率大约比一步连续工艺少 40%。低产率的原因是渗滤液沟槽缺乏高效的渗滤液分散方式。Lelystad 工厂设计的反应温度为 37 ℃，有机负荷率为 3.6 kg/(m^3·d)，夏天处理的峰值为 5.1 kg/(m^3·d)。

6.3.2.2 厌氧消化法（沼气发酵）

巴斯德很早就提出沼气发酵只能在厌氧条件下进行，35℃收集的沼气量最大。19 世纪末巴斯德的学生 Louist 和 Mourns 在法国建立了世界上第一座沼气池。此后美国、英国、印度等国家也相继建立了沼气池。目前，沼气池在我国农村已得到推广，尤其是在南方的广大地区。常见的是在房前屋后建一座 6 ~ 8 m^3 的沼气池，并与猪圈、厕所连通，所产生的沼气可满足五口之家的烧饭照明之用。

厌氧生物处理产生的沼气是由多种气体构成的混合气体，其中包括 60% ~ 70% 的 CH_4，25% ~ 35% 的 CO，H_2S、H_2 等约占 5%。沼气中 CH_4 的含量在 50% 以上便可以燃烧。沼气发酵原料可应用植物残体（秸秆、青草、树叶）、动物排泄物（粪便）、活性污泥（微生物菌体、有机物）及有机污（废）水等。沼气发酵已从农村沼气池发展到用沼气发酵法处理城市垃圾、剩余活性污泥和工业废水等。

（1）沼气发酵的工艺条件及其控制。

沼气发酵工艺比一般工业发酵要复杂得多，一般工业发酵是用单一菌种，而沼气发酵采用的是混合菌种。沼气发酵混合菌种主要分为发酵（产酸）细菌和产甲烷菌。由于它们各自要求的生活条件不同，因此，在发酵条件控制上常有顾此失彼的情况。实践证明，往往工艺条件失控就有可能造成整个发酵系统运行的失败。例如，温度波动幅度太大，就会影响产气；发酵原料浓度过高，将产生大量的挥发酸，使反应系统的 pH 值下降，就会抑制产甲烷菌生长而影响产气。因此，控制好沼气发酵的工艺条件，是维持正常发酵产气的关键。

原料的 C/N 值对产气量有明显的影响，经研究证明 C/N 为 20 ~ 30 较为适宜，最好是 25。C/N>35 或 C/N<16，产气量明显下降。有的原料含 C 多，含 N 少，称为贫氮有机物，如农作物的秸秆等；有的原料含 N 多含 C 少，称为富氮有机物，如动物粪尿等。因此，贫氮有机物和富氮有机物要合理搭配，保证 C/N 为 25 左右，这样才能得到较高的产气量。

把原料先堆沤后再加入沼气池，引入活性微生物，能提前产气或提高产气量。但预先堆沤可损失热量，总甲烷产量减少，特别是在好气堆沤的情况下，旺盛的好氧氧化会消耗较多的热量和有机物。所以，在以产甲烷为主要目的时，堆沤时间应适当。

沼气发酵原料的干物质浓度以 7% ~ 10% 为宜；一般夏季为 7%，冬季为 10%。

（2）沼气发酵在生态农业中的应用模式。

目前在我国，沼气发酵应用于生态农业的主要模式主要有两种，即“三位一体”模式和“四位一体”模式。“三位一体”模式适合于南方生态农业，“三位”即养殖沼气发酵和种植，其结构主要包括畜、禽舍（厕所）、沼气池和种植园，这类模式利用植物生产、动物转化和微生物沼气发酵的生态学原理，以沼气发酵为纽带，结合养殖和种植；种养殖业为沼气发酵提供原料畜禽粪便、农作物秸秆等；通过沼气发酵产生沼气作为炊事、照明和生产能源；沼渣沼液为优质的有机肥和饲料应用于种养殖业，形成了良好的生态循环系统。其代表是江西赣州的“猪 – 沼 – 果”模式，在此基础上还发展了“猪 – 沼 – 烟”“猪 – 沼 – 蔗”“猪 – 沼 – 菜”“牛 – 沼 – 鱼”等 10 多种模式。

“四位一体”模式适合于北方生态农业，“四位”即在“三位一体”基础上加上温室（或塑料大棚），主要设施由畜禽舍（厕所）、沼气池和日光温室（塑料大棚）组成，其中日光温室是其主体结构，面积为 200 ~ 600 m^2，沼气池、畜禽舍和菜地都建在日光温室内，人畜粪便流入地下沼气池，日光温室起着增温、保温和保湿的功能。

6.3.3　填埋技术

填埋法是将固体废弃物铺成一定厚度的薄层，加以压实，并覆盖土壤，填埋法可以作为：①固体废弃物的最终处置方法，处置过程中产生的渗滤液需要进一步处理；②产生甲烷气体的厌氧反应器；③工业废水的厌氧滤床及污泥的处理方法。

随着人们生活水平的不断提高，固体废弃物组分中难降解化合物不断增加，外源化学物质也在增加。在固体废弃物的发酵过程中，这些分子的代谢可能需要结构酶及诱导酶的作用，共氧化、质粒、突变及其他遗传基因转移作用均可能发生(图 6-19)，但许多机理还不是很清楚。

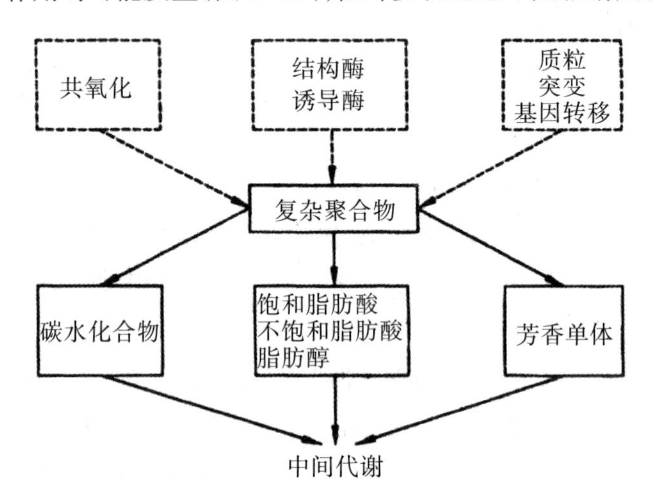

图 6-19　固体废弃物中聚合物的代谢

固体废弃物进入填埋场后，伴随着物理、化学及生物作用，首先发生的是易降解有机物的好氧代谢分解过程。可生物降解组分被各种生物，包括无脊椎动物(壁虱、千足虫、线虫等)及微生物(细菌、真菌)好氧代谢。在氧浓度不成为限制因素时，混合基质的利用逐渐转向大分子物质的序列代谢及缓慢降解。这一阶段的持续时间变化很大，取决于多种因素，如填埋的操作方式，包括前处理方式、填层压实方式及过程等。

固体废弃物中可以好氧分解的组分主要有纤维素、半纤维素、木质素、葡聚糖和果聚糖、脂肪类有机分子。它们的代谢过程多数需要多种酶的协同作用及微生物的共代谢作用。其过程由于多种微生物的参加及固体废弃物成分的多样化而十分复杂。

在好氧代谢过程中可以观察到温度的明显上升，同时会生成非生物性难降解的分子，如腐殖质。温度升高的最高纪录可达 80 ℃，使温度成为填埋过程的指示参数之一。初期温度的升高有利于微生物活性的增强，温度每升高 5 ℃，微生物分解氧化速率上升 10% ~ 20%。但温度的升高会降低氧的溶解度，从而产生负面影响，同时温度升高还会造成微生物的死亡。另外，CO_2 的产生也对代谢过程有影响，它使 pH 降低，但可能促进聚合物的水解。

随着好氧代谢的进行，填埋层中的溶解氧不断减少，环境选择向有利于兼性厌氧菌生长和富集的方向转化。产酸细菌、硫酸盐还原菌和反硝化细菌的作用使氧化还原电位进一步下降，绝对厌氧的产甲烷菌开始生长，并继续进行污染物的代谢过程产生二氧化碳和甲烷。

第7章 环境保护中微生物新技术及其应用

随着微生物学的发展，特别是分子生物学的手段和技术的发展，带来了许多新的研究和应用领域。这些技术很快地就延伸到环境科学领域。本章主要介绍固定化酶技术、酶工程技术、微生物技术、分子生物学技术在环境保护中发挥的作用。

7.1 微生物固定化技术

酶是一类由生物细胞产生的具有催化功能的蛋白质，被广泛应用在酿造、食品、医药等领域，在环境治理的废水生物处理和废气生物净化中，也有应用的实例。但酶对环境条件十分敏感，各种因素如物理因素(温度、压力、电磁场)，化学因素(氧化、还原、有机溶剂、金属离子、离子强度、pH)和生物因素(酶修饰和酶降解)均有可能使酶丧失生物活力。即使在最佳条件下，酶也会失去活性，随着反应时间的延长，反应速率会逐渐下降，另外酶反应后不能回收，只能采取分批方式进行生产。这说明，传统的酶制剂添加方式不是一种理想的反应方式。

固定化酶又称为水不溶酶，是通过物理吸附法或化学键合法将水溶性酶和固态的不溶性载体相结合，使酶变成不溶于水但仍保留催化活性的衍生物。

固定化酶具有以下特点。

（1）固定化酶比水溶性酶稳定，因为载体能有效地保护酶的天然构型，不易受酸、碱、有机溶剂、蛋白质变性剂、酶抑制剂及蛋白酶等的影响，可以在较长时间内保持酶的活性。

（2）固定化酶适合于连续化、自动化和管道化工艺，还可以回收、再生和重复使用。

（3）固定化酶可以设计成不同的形式，如在处理静态水时把酶制成酶片和酶布，处理动态废水时，可以制成酶柱。美国宾夕法尼亚大学将提取出来的高活性的酚氧化酶用化学手段结合到玻璃珠上，用于处理冶金工业含酚废水，固定化酶活性可达游离细胞的 90%。德国将能降解对硫磷等 9 种农药的酶，以共价结合法固定于多孔玻璃及硅珠上，制成酶柱，用于处理对硫磷废水，去除率可达 95% 以上，且可连续工作 70 d，而酶活性无明显损失。

微生物细胞自身就是一个天然的固定化酶反应器。用制备固定化酶的方法直接将细胞加以固定，即可催化一系列的生化反应。

固定化细胞比游离细胞稳定性高；催化效率也比离体酶高；且比固定化酶操作简便，成本低廉，能完成多步酶反应，通常能保留某些酶促反应所必需的 ATP、Mg、NAD 等，因此，在参与反应时无须补加这些辅助因子。

固定化细胞内含有庞大而复杂的酶系，其中有些酶对于人们所要求的某些催化反应则是不需要的，有时甚至是有害的，这是它的不足之处。

7.1.1 酶的分离提纯

酶是生物界普遍存在的物质。我们可从动物、植物和微生物中提取酶制品。如从动物肝脏中提取胰蛋白酶、淀粉酶、核糖核酸酶，从木瓜中提取木瓜蛋白酶等。但作为酶制剂工业生产则以微生物最为适合，因为与动植物相比，它具有生产周期短、不受地理条件和季节限制、能够大量生产和生产成本低等特点。利用微生物生产酶制品可以分为菌种选育、发酵培养、分离提取和菌种保存四个步骤。

（1）根据需要筛选产酶量高并易于培养和分离提取的优良菌株。

（2）按照微生物生长和产酶的最适条件进行培养，此为发酵过程。

（3）根据酶是蛋白质这一特征，可用一系列提纯蛋白质的方法对发酵液进行处理，如盐析（用硫酸铵或氯化钠）、调节 pH、等电点沉淀、有机溶剂（乙醇、丙酮、异丙醇等）分级分离等方法提纯。

（4）酶易受许多环境因素的影响而破坏，所以要长期保持酶的活性，就必须将酶制品浓缩、结晶，并且在低温下保存。常用的方法是：保持浓缩的酶溶液；将去除盐分的酶溶液冷冻干燥成酶粉，存放于冰箱；浓缩的酶溶液加入等体积的甘油于 -20℃保存。

7.1.2 酶的固定化方法

酶的固定化方法有以下五种。

（1）载体结合法。此法是将酶结合在非水溶性的载体上。

（2）交联法。此法是利用双功能试剂或多功能试剂的作用，使酶与酶发生交联而进行固定的方法。

（3）包埋法。将酶包裹在凝胶格子中或由半透膜组成的胶囊中。

（4）逆胶束酶法。反应系统中酶以逆胶束的形式被“固定”。

（5）复合法。此法是将以上几种方法交叉使用处理，如先行包埋再行交联处理等。

测定制备好的固定化酶的各种参数，评价固定化酶方法的可行性是必不可少的研究内容，测定酶参数包括固定化反应偶联效率、固定化后酶的活力水平、酶的脱损耗率和酶的活力稳定性等。

7.1.3 细胞的固定化方法

前面所述的各种酶固定化方法，如载体结合法、交联法和包埋法，均可直接应用于微生物细胞的固定。另外，由于细胞在结构和功能上有其自身的特殊性，因此具体方法上亦有所不同。

（1）自溶酶灭活法。微生物细胞所具有的酶，从广义上讲也是酶的一种固定化形式。只要使细胞自溶酶失活,细胞即可反复使用。用 65℃高温或 β 射线照射处理白色链霉菌可以使其自溶酶失活,但其葡萄糖异构酶仍可保持原有活性的 80% ~ 90%。这些处理方法往往使细胞中其他酶系和自溶酶一起失活而不能广泛地应用,应用范围受到限制。

(2)絮凝吸附法。多聚电解质等絮凝剂有絮凝微生物细胞的作用。这类絮凝剂有聚丙烯酰胺、聚磺化苯乙烯、聚羧酸、聚乙基胺、聚赖氨酸和活性硅胶等。在絮凝过程中加入吸附剂或助滤剂能促进絮凝效果。被絮凝的细胞再经冷冻或干燥处理后,可提高酶活性的稳定性和改善细胞壁的力学性能,使得固定化细胞可以反复使用,降低成本。

7.1.4　固定化酶和固定化微生物在环境工程中的应用

固定化酶和固定化微生物(细胞)依其原有的生物学功能可应用于诸多领域,如生物大分子的固相合成和序列分析、亲和分离、固相免疫分析、载体药物及试剂、生物反应器及生物传感器等。在环境工程领域也有应用固定化技术来对环境中污染物质进行含量测定和进行“三废”处理的。

国内外应用固定化细胞处理有机污染物、无机金属毒物和废水脱色的成功例子很多。1983 年,英国采用固定化细胞反应设备处理含氰化物废水,这是生物技术在环境科学领域中实用的先例。我国近年在应用固定化细胞技术降解合成洗涤剂中的表面活性剂——直链烷基苯磺酸钠(LAS)方面的研究也已取得进展。降解含 LAS 100 mg/L 废水,去除率和酶活性保存率均在 90% 以上,反应 15 h,酶活性无明显下降,再培养后,可恢复固定化细胞的酶活性。

固定化产甲烷菌处理有机废水,效果很好,可以连续产甲烷 90 天以上。美国曾经试验用两步法厌氧固定化微生物反应器处理废液,既能产生能源,又可获得菌体蛋白。利用聚丙烯酰胺包埋一种柠檬酸细菌,可以高效地去除污水中的铅、镉和铜元素,而且能全部洗脱回收利用。用海藻酸钙固定白腐木霉细胞,处理硫酸盐纸浆废水中的色素,在适量添加碳源的条件下,脱色率可达 80% 以上。据此有人认为,用分解木质素的真菌的固定化细胞净化造纸废水是一种有前途的方法。

目前,固定化技术处理污染物所面临的问题主要是载体成本较高,固定化材料对传质过程有阻碍,使酶活性大多低于游离细胞。这些问题的解决,是固定化技术得到进一步推广应用的关键。

目前在废水处理实践中已应用的固定化细胞技术有固定化酵母细胞用于降解酚、固定化混合菌细胞用于印染废水的脱色、固定化藻细胞去除水体里的氮磷营养物质等。

在废气的生物处理中,因废气的组分没有废水复杂,已经有不少研究人员对利用固定化技术处理恶臭含硫污染物和挥发性有机污染物进行可行性试验,有望在生产中应用。

7.2 微生物酶工程技术

酶工程是现代生物技术的主要内容之一,它随着酶学研究迅速发展,特别是酶的应用推广,使酶学和工程学相互渗透结合,发展而成的一门新的技术学科。它从应用的角度出发研究酶,是在一定的生物反应装置中利用酶的催化性质进行生物转化的技术。酶技术以其高效率、低耗能、反应条件温和等优点在化工、医药、石油化工产品的生产方面已得到了成功应用,在环境工程技术方面也将越来越广泛。

7.2.1 酶工程概念

酶工程又称酶技术,是利用酶和细胞或细胞器所具有的催化功能来生产人类所需产品的技术。包括酶的研制与生产、酶分离纯化、酶分子修饰、酶固定化、酶反应动力学、酶反应器、酶的应用等。酶在各个领域获得了广泛的应用,其主要应用领域包括:

(1)食品工业。应用历史久,范围广,包括佐料、香味剂等食品的生产及改良外观颜色、营养价值等。

（2）去污剂。大多为蛋白酶，如碱性丝氨酸蛋白酶（来自杆菌属，如枯草杆菌）。这类酶具有以下性质：在 pH 9.0 ~ 12.0 稳定，具有活性；在 55 ~ 100℃范围内耐热性好；可与表面活性剂、螯合剂共存。目前正在开发的其他酶包括：脂肪酶，可去油或去脂；蛋白酶，可去淀粉类污物；水解酶和氧化酶等。

（3）医学领域。大多为助消化用，如纤维酶、淀粉酶、蛋白酶、脂肪酶、乳糖酶等。在其他方面的应用，如抗肿瘤、抗菌等方面的研究正日趋活跃，酶缺乏症的治疗剂也将会不久问世。

（4）分析领域。酶在化学分析领域中的应用发展很快，如医疗诊断、工业过程监测、环境监测（生物传感器）等。

（5）化工生产。包括化工合成、发酵工业、药物合成等。

（6）废物处理。包括用多种酶（淀粉酶、脂肪酶、蛋白酶等），去除有机物（如碳水化合物、蛋白质、脂肪和油等）。近年来，酶在废水处理中的应用越来越受到重视，这是因为：难降解有机污染物的排放日益增多，使用传统的化学和生物处理方法已很难达到令人满意的去除效果，这就需要找到一个比现行方法更快捷、更经济、更可靠、更简便的方法；人们已逐渐认识到酶能用来专门处理某些特定的污染物；生物工程技术的发展使酶的生产成本降低。

7.2.2　酶工程的应用

人们研究用于环境治理的酶包括以下几类：处理食品工业废水，如淀粉酶、糖化酶、蛋白酶、脂肪酶、乳糖酶、果胶酶、几丁质酶等；处理造纸工业废水，如木聚糖酶、纤维素酶、漆酶等；处理芳香族化合物，如各种过氧化物酶、酪氨酸酶、萘双氧酶等；处理氰化物，如氰化酶、腈水解酶，氰化物水合酶等；处理有机磷农药，如对硫磷水解酶、甲胺磷降解酶等；处理重金属，如汞还原酶、磷酸酶等。

使用酶处理废水主要是通过沉淀或无害化去除污染物。大多数废水处理过程可分为物理化学过程和生物处理过程，酶的处理介于二者之间。与传统处理过程相比，酶处理的优点是：能处理难以生物降解的化合物；

高浓度或低浓度废水都适用；操作时的pH、湿度和盐度的范围均很广；不会因生物物质的聚集而减慢处理速度，处理过程的控制简便易行。

7.2.2.1 含酚废水处理

芳香族化合物，包括酚和芳香胺，属于优先控制污染物。石油炼制厂、树脂和塑料生产厂、染料厂、织布厂等很多工业企业的废水中均含有此类物质，大多数芳香族化合物都有毒，在废水被排放前必须把它们去除。很多酶已用于废水处理以取代传统的处理方法，下面介绍几种具体的酶类及其应用。

（1）辣根过氧化物酶。辣根过氧化物酶（HRP，Ecl.11.1.7）是一种能够催化芳香族化合物聚合并从废水中沉淀出来的生物酶，是酶处理废水领域中应用最多的一种酶。有过氧化氢存在时，它能催化很多种有毒的芳香族化合物的氧化，其中包括酚、苯胺、联苯胺及其相关的异构体。反应产物是不溶于水的沉淀物，这样就很容易用沉淀或过滤的方法将它们去除。HRP特别适于废水处理还在于它能在一个较广的pH和湿度范围内保持活性。

HRP在处理含酚污染物方面的应用很广，使用HRP处理的污染物包括苯胺、羟基喹啉、致癌芳香族化合物（如联苯胺、萘胺）等。而且，HRP可以与一些难以去除的污染物一起沉淀，去除物形成多聚物而使难处理物质的去除效率增大。这个现象在处理含多种污染物的废水时有着重要的实际应用。例如，多氯联苯可以与酚一起从溶液中沉淀下来。HRP的这个特定的应用还未得到进一步的深入研究。

（2）木质素过氧化物酶。也叫木质素酶，是白腐菌中的黄孢原毛平革菌产生的胞外酶。此酶是促使木质素降解的关键性酶，它的催化作用依赖于HO_2的存在。当温度>35℃时，它开始失活，最佳稳定pH是4.5，在pH 3以下极不稳定。木质素过氧化物酶的稳定性特点使其在废水处理应用上具有较强的经济和技术可行性。

木质素是造纸工业中有效利用纤维素的最大障碍。在化学制浆过程中，大部分木质素可从木材、草类或其他粗原料的纤维中除去，但还残留3%～12%，这部分残留的木质素会造成纸浆褐色，并降低纸张的强度。

因此,需要对纸浆进行漂白。传统的化学漂白法是采用多段的氯二氧化氯漂白及碱提取来去掉木质素,在废水中会有大量含氯的、致癌致畸的物质,造成严重的环境污染和生态破坏。近年来,利用各种木质素酶进行生物漂白的研究正在迅速兴起,人们期望利用木质素酶对木质素的直接作用来实现生物漂白。目前,酶法助漂新工艺在欧洲和北美的 30 余家大型纸厂得到应用,成为生物技术在造纸工业应用最成功的一例。

(3)酪氨酸酶,也叫酚酶或儿茶酚酶。该酶可催化酚形成邻苯二酚,邻苯二酚脱氢后形成苯醌,苯醌非常不稳定,可通过聚合形成不溶于水的沉淀物,采用简单的过滤即可将之去除。酪氨酸酶已成功地用于从工业废水中沉淀和去除浓度为 0.01 ~ 1.00 g/L 的酚类。酪氨酸酶用甲壳素固定化后处理含酚废水,2 h 内去除率达 100%。

固定化酪氨酸酶可防止被水流冲走及与苯醌反应而失活。固定化酪氨酸酶使用 10 次后仍然有效。因此,固定酪氨酸酶用于甲壳素上可有效去除有毒酚类物质。

(4)漆酶,是一种含铜的多酚氧化酶,最早是从漆树的分泌物中发现的,随后发现一些真菌。目前以及漆酶广泛分布于多种白腐菌中,漆酶在木质素降解中可催化酚类化合物的氧化,而且,它能同时减少多种酚类的含量。目前漆酶在生物制浆漂白业和环境废物的处理等方面研究应用得较多,但由于成本及诱导剂对家畜的安全性(用作诱导剂的大多是具有毒性的芳香类物质)等问题的原因,使得漆酶在用于降解木质素以提高粗饲料的利用率上还有待于进一步研究。

7.2.2.2　含氰废水处理

据估计全世界每年使用的氰化物为 300 万 t,很多植物、微生物和昆虫也能分泌自己体内的氰化物。水体中氰化物主要来源于冶金、化工、电镀、焦化、石油炼制、石油化工、染料、药品生产以及化纤等工业废水。由于氰化物是新陈代谢抑制剂,对人类和其他生物有致命的危害,因此处理氰化物非常重要。

氰化物酶能将氰化物转变为氨和甲酸盐。氰化物酶可由 *Alcaligenes denitrificans*(一种革兰氏阴性菌)产生,此酶有很强的亲和力和稳定性，其活性既不受废水中常见阳离子（如 Fe^{2+}、Zn^{2+} 和 Ni^{2+}）的影响，也不受醋酸、甲酰胺、乙腈等有机物的影响。利用氰化物酶能处理浓度低于 0.02 mg/L 的氰化物。

很多真菌能产生氰化物水合酶，此酶被固定后具有较好的稳定性，能水解氰化物成甲酰胺，可用于含氰废水的处理。

7.2.2.3 食品加工废水处理

食品加工工业是工业废水的主要来源之一。其他工业废水大多是有毒的，必须转化为无毒物质，而食品工业废水易分解或转化为饲料或其他有经济价值的产品。

将酶可应用于食品工业废水处理，可净化废水并获得高附加值产品。

蛋白酶是一类水解酶，在鱼肉加工工业废水处理中得到广泛应用。蛋白酶能使废水中的蛋白质水解，得到可回收的溶液或有营养价值的饲料。例如，从 *Bacillus subtilis* 中提取的碱性酶可用于家禽屠宰场的羽毛处理。羽毛占家禽总重的 5%，在其外表坚硬的角质素被破坏后，通过 NaOH 预处理、机械破碎和酶的水解，可作为一种高蛋白含量的饲料成分。

淀粉酶是一种多糖水解酶，多糖转变为单糖和发酵能同时进行，例如，淀粉酶用于含淀粉废水处理，可使大米加工产生的废水中的有机物转化为酒精。

7.3 微生物环保产品技术

7.3.1 微生物肥料

微生物肥料是以微生物的生命活动导致作物得到特定肥料效应的一种制品，是农业生产中使用的肥料的一种。许多试验证明，用根瘤菌接种大豆、花生等豆科作物可提高共生菌固氮效能，确实有增产效果，合理应用其他菌肥拌种或施用微生物肥料，对非豆科农作物也有增产效果，而且有化肥达不到的效果。微生物肥料的优势非常明显,是传统化肥的有效替代品。首先,微生物肥料不会污染环境,这是其具有巨大应用价值的主要原因。实际上,长时间对化肥的不合理使用,已经对生态环境造成了严重破坏。为了保证可持续发展的有效进行,使用微生物肥料这种无毒、无污染的肥料来代替化肥就很有必要了。其次,微生物肥料本身肥力充足,作用多样,能够广泛应用在各种农业施肥情况中,这也是其具有巨大研究和应用价值的关键所在。最后,微生物肥料还具有成本低、节约能源、净化环境、提高土壤肥力等优势,使其成为化肥的最佳替代品。

正是因为微生物肥料具有这些优势,自20世纪50年代初以来,我国在微生物肥料方面的研究和应用已有70多年的历史,并取得了一定的成效,特别是在微生物肥料作用机理的研究方面。然而,微生物肥料本身较为复杂,数量繁多,因此我国对微生物肥料作用机理的研究还有很多地方处于空白阶段,研究成果也是参差不齐,例如使用微生物肥料来溶解土壤中的难溶性钾盐混合物质,尽管已知该作用机理,但还不能有效掌握其机制和分子机理。微生物肥料作用机理的基础研究依旧是重中之重,必须要明确不同微生物肥料的作用机理,甚至要对多种微生物肥料的混合作用机理加以研究。只有这样,才能针对不同的植物生长需求,选择相应的微生物肥料。

利用微生物的特定功能分解和发酵城市生活垃圾以及农业和畜牧业垃圾而制成微生物肥料是一种经济可行的有效途径。目前,主要应用两种方法。一种是将大量的城市生活垃圾作为原料加工,然后由工厂直接加工成微生物有机复合肥料;另一种是由工厂生产特殊的微生物肥料(种子剂)并将其提供给堆肥厂生产各种农牧业材料,以加快发酵过程并缩短堆肥周期,同时还提高了堆肥的质量和成熟度。

7.3.2　微生物酵素

酵素,又称酶(enzyme),是由活细胞产生的,存在于所有生物(动植物及微生物)细胞内,是在机体内行使催化功能的生物催化剂,其化学本质主要是蛋白质,少数是核糖核酸,酶具有一般化学催化剂的共性,也具有生物催化剂的特性。

微生物酵素就是含有多种活性益生菌的生物酶。具体说,微生物指的就是益生菌,而酵素是益生菌繁殖过程中产生的物质,所以说微生物酵素就是益生菌加酵素。酵素是动植物生长生存的催化剂,是由多种氨基酸构成的具有生理活性的蛋白质,它能在常温常压下使有活性生物体发生化学反应或很难发生的生化反应加速进行。包括动植物的新陈代谢、能量摄取、成长和繁殖等生命现象,都必须通过酵素的帮助才能完成,它是一种生命活动中不可或缺的媒介物质。

微生物酵素开发生产虽然较为严格,但生产周期短,成本低,原料就地取材,微生物酵素作用明显,效果突出,应用范围广。通过大面积、多领域的推广应用证明,酵素菌技术成熟、先进可靠,是一项符合我国国情的应用型高新技术。从产品质量上看,微生物酵素安全、清洁、无公害、无污染、无药残,是开发绿色、有机、生态食品的主要环节,也可说是重要途径。

7.3.3 生态绿色饲料

所谓生态绿色饲料,就是由对人体有益无害的微生物、天然物、中草药等组成的无污染、无副作用、有利于环保的饲料。围绕减轻畜禽粪便对环境的污染问题,从饲料原料的采购、配方设计、加工储运、饲喂等方面进行严格的质量监控和实施动物营养调控,以控制可能发生的公害和环境污染。在原料粮的配置中,尽可能降低蛋白质和磷的用量以缓解环境恶化的问题。同时,添加平衡的氨基酸、酶制剂和微生物制剂“益生素”酵素;纯天然物、中草药、生物原料、活性物质等活菌制剂;采用消化率高、营养平衡、排泄物少的饲料配方等全方位的综合措施。

光合细菌是一种有益微生物、有光能合成体系的原核微生物,具有独特的光合作用。经光合作用,把 CO_2 固定转化为自体的碳素化合物,而进行生长繁殖。光合细菌能很好地利用低级的脂肪酸、氨基酸、糖类,在厌氧而明亮或好氧而黑暗的条件下都能生长、繁殖。光合细菌是功能多样、种类繁多的微生物,生长环境复杂,结构多样,是开发“生态农牧业”的主要微生物资源,可称为微生物生态环境保护的主力军。

光合细菌有固氮能力，与其他固氮菌共存时，可大大提高土壤肥力，作为底肥、追肥或叶面肥，可使农作物增产，改善土壤盐化、板结，有利于根系发育。并能利用硫化物、氨态氮和小分子有机物进行光合作用，将有害污染物（如化肥和农药）变成营养物质，被植物吸收。光合细菌能增强作物抗病、防病能力，因为光合细菌含有抗细菌、抗病毒的物质——胰蛋白酶，它能促进放线菌等有益微生物增殖，抑制丝状有害菌群生长，从而有效地抑制某些植物病的发生与蔓延。而且可以防止瓜类腐烂、老化，从而延长储藏时间。光合细菌更适合应用于蔬菜种植，因为蔬菜保护地有着适宜的温度、较高的湿度，这些条件都非常有利于光合细菌的生长，而光合细菌的生长又促进了有益微生物的生长，抑制了有害菌群的生长，为蔬菜保护地创造了良好的微生物环境，利于大棚蔬菜健康生长。

7.3.4　微生物降解塑料

生物分解塑料是指在自然界如土壤和（或）沙土等条件下，和（或）特定条件下（如堆肥化），或厌氧消化条件下，或水性培养液中，由自然界存在的微生物作用引起降解，并最终完全降解变成二氧化碳（CO_2）或（和）甲烷（CH_4）、水（H_2O）及其所含元素的矿物无机盐以及新的生物质的塑料。

生物分解塑料按照其原料来源和合成方式可以分为五大类，即利用石化资源合成得到的石化基生物分解塑料、天然材料制得生物基生物分解塑料、微生物参与合成过程的生物基生物分解塑料、二氧化碳共聚物以及以上几类材料共混加工得到的塑料。

（1）利用石化资源合成生物分解塑料。

此类生物分解塑料是指主要以石化产品为单体，通过化学合成的办法得到的一类聚合物，如聚己内酯（PCL）、聚丁二酸丁二酯（PBS）、聚乙烯醇（PVA）、改性芳香族聚酯（PBAT）等。

（2）天然材料制得生物基生物分解塑料。

以天然生物质资源（如淀粉、植物秸秆纤维素、甲壳素等），通过模塑、挤出等热塑性加工方法，直接制得产品。

（3）微生物参与合成过程的生物基生物分解塑料。

利用可再生天然生物质资源（如淀粉等），通过微生物发酵直接合成聚合物，如聚羟基烷酸酯类（PHA，包括 PHB、PHV、PHBV 等）；或通过微生物发酵产生乳酸等单体，再通过化学合成聚合物，如聚乳酸（PLA）等。

（4）二氧化碳共聚物。

利用二氧化碳与环氧丙烷或环氧乙烷催化合成得到的聚合物。

（5）共混制得生物分解塑料。

利用以上几种生物分解材料共混加工得到的产品。

7.3.5 微生物絮凝剂

微生物絮凝剂是一类由微生物产生的，可使液体中不易降解的固体悬浮颗粒凝聚、沉淀的特殊高分子代谢产物。该类絮凝剂具有应用范围广、絮凝活性高、安全无毒、不污染环境等特点，具有广泛的应用前景，越来越受到各国研究者的关注。目前微生物絮凝剂的应用大多还停留在实验室研究阶段，真正应用到实际中的不多，其原因为微生物絮凝剂存在产量小、生产成本高、储存稳定性差、投量大和应用范围窄等缺点。因此如何降低微生物絮凝剂的生产成本、提高生产效率、降低其投药量和扩展应用范围，是扩大其应用的关键所在。

纵观絮凝剂的发展史，追求高效、廉价、环保一直是研究者的目标。鉴于复合高分子絮凝剂具有的诸多优点，复合型絮凝剂的研究近年来发展迅速，在其性能及絮凝机理研究成果的基础上已研发出了一系列新型、高效的无机－无机和无机－有机复合高分子絮凝剂，一些产品已在水和废水处理以及污泥脱水处理中得到应用，取得了良好的效果。但与在水和废水处理以及污泥脱水处理中广泛应用的单一无机絮凝剂和有机高分子絮凝剂相比，复合高分子絮凝剂的研制、开发和应用研究仍处于起步阶段。为了进一步研发出新型、高效、无毒或低毒的复合高分子絮凝剂，在复合絮凝剂的品种开发、制备技术、性能、絮凝行为和作用机制等方面还有许多工作要做。建议今后应加强以下方面的研究工作。

(1)应开展复合高分子絮凝剂的有效组分配比筛选、制备工艺技术、工艺参数和配套设备等方面的研究工作,使制备出的复合高分子絮凝剂不但具有良好的储存稳定性,而且能充分发挥各组分的作用及它们之间的协同效应,使其具有更加优异的絮凝效果、较低的应用处理成本和广泛的应用范围。

(2)应深入系统地开展复合高分子絮凝剂各组分间的相互作用研究,明确其相互作用对复合高分子絮凝剂的稳定性、效能和行为的影响情况,为新型、高效复合高分子絮凝剂配比、合成工艺与制备技术的优化奠定理论基础。

(3)应深入系统地开展复合高分子絮凝剂的性能、絮凝动态过程和所形成絮体的物理特性研究,其研究结果有助于明确复合高分子絮凝剂的絮凝行为和作用机理。

(4)应系统开展复合高分子絮凝剂的絮凝效果、应用条件和影响因素研究,以明确复合高分子絮凝剂的适用条件和应用范围,为复合高分子絮凝剂产品的推广应用奠定基础。

7.4　微生物分子生物技术

7.4.1　核酸探针和 PCR 技术

核酸探针和 PCR 技术等是基于人们对遗传物质 DNA 分子的深入了解和认识的基础上建立起来的现代分子生物学技术。这些新技术的出现也为环境监测和评价提供了一条有效的途径。

在适当条件下,单链 DNA 片段能与另一段与之互补的单链片段结合,这个过程称为核酸杂交。利用这一特性,将最初的 DNA 片段进行标记,即可做成核酸探针。利用核酸探针技术可以检测环境中是否存在某些特定种类的微生物,如致病菌的存在,大肠杆菌、志贺菌、沙门菌和耶尔森菌等,在水环境中的数量一般不会很多,用核酸探针技术就可以很快地确定。此方法也可用于检测病毒,如乙肝病毒、艾滋病毒等。

核酸探针杂交技术既能弥补传统方法不能进行原位测定的不足,又克服了免疫探针只能用于纯培养微生物以及絮凝物阻止抗体作用靶细胞的缺陷,而被广泛应用于污水处理系统中微生物生态学的研究。目前,利用核酸探针检测微生物还受到成本的限制,难以广泛开展,但这是一种很有发展前途的方法。

聚合酶链式反应(Polymerase Chain Reaction, PCR)是一种在体外特异性扩增特定 DNA 序列或片段的方法,由美国科学家 Kary Mullis 于 1984 年所发明。

PCR 的原理并不复杂:理论上,DNA 分子数目经复制呈指数增长,如果提供足够的引物和 dNTP,1 分子 DNA 复制 n 次后,就可产生 $2n$ 个 DNA 分子。但与体内 DNA 复制不一样的是:PCR 的解链反应使用的是热变性,而不是解链酶;PCR 使用的引物是人工合成寡聚 DNA,而不是像体内由引发酶合成的 RNA;为了提高 DNA 聚合酶的稳定性,PCR 使用的是耐热的 DNA 聚合酶。

整个 PCR 反应由多个循环组成,循环次数为 30 ~ 40 次。每循环一次,DNA 复制一次。每一个循环由三步反应组成:① DNA 变性——采取热变性,使模板 DNA 在 95℃左右的高温下解链;②退火——降低温度(通常在 50 ~ 65℃),以使引物与模板 DNA 配对;③延伸反应——在 DNA 聚合酶催化下的,在引物的 3′-端合成 DNA,温度通常在 72℃左右。在循环结束以后,一般还有一步专门的延伸反应,大概持续 10 ~ 30 min,以尽可能获得完整的产物,这对以后的克隆或测序反应特别重要。最后得到的 PCR 产物可以通过常规的琼脂糖凝胶电泳进行鉴定分析。

现在有一种十分方便的克隆由 Taq 酶扩增出来的 PCR 产物的方法,叫 TA 克隆法。请说出它的原理。

一个标准的 PCR 反应系统包括:DNA 模板、耐热的 DNA 聚合酶(如 Taq DNA 聚合酶)、一对寡聚脱氧核苷酸引物、4 种 dNTP、合适浓度的 Mg^{2+} 和一定体积的缓冲液等。人工合成引物的序列设计是 PCR 成功的关键,现有专门的软件(如 Primer Premier 5.0)可以辅助设计合适的引物。

虽然理论上说，产物量应该呈指数增加，但是，实际上由于底物和引物的消耗以及酶的失活等因素，产物量并不能够始终以指数增加，但通常实验获得目的序列 $10^6 \sim 10^8$ 倍的扩增产物并不困难，因此 PCR 具有高度的灵敏度。此外，由于引物与模板的配对是特异的，因而 PCR 也具有高度的特异性。

PCR 自诞生以后，即引起了人们的高度关注。如今，该技术已渗透到生命科学几乎每一个领域，并进行了各种形式的扩展、改进和优化，例如逆转录 PCR（reverse transcription PCR，RT–PCR）、反向 PCR（inverse PCR）、巢式 PCR（nested PCR）、递减 PCR（TD–PCR）、原位 PCR（in situ PCR）、菌落 PCR（colony PCR）、简并 PCR（degenerate PCR）、多重 PCR（multiplex PCR）、不对称 PCR（asymmetric PCR）、热不对称交错 PCR（thermal asymmetric interlaced PCR，TAIL–PCR）、标记 PCR（LP–PCR）和实时定量 PCR（quantitative real–time PCR，Q–PCR）等。

（1）RT–PCR。RT–PCR 首先需要将 mRNA 逆转录成 cDNA，然后利用特定引物直接以反转录得到的 cDNA 为模板，进行 PCR 扩增反应，得到所需要的基因片段。这项技术结合了 cDNA 合成和 PCR 扩增这两种方法，反转录的模板可以是细胞的总 RNA 或总 mRNA，逆转录后的 PCR 反应可以直接用反转录产生的单链 cDNA 作为模板，不必再转变成双链 cDNA。逆转录的引物可以用寡聚 dT，也可以用特定引物或随机引物。

RT–PCR 的具体操作通常可以分为一步法和两步法，一步法是指逆转录和 PCR 在同一个反应管、同一个缓冲溶液体系中完成；两步法是指在逆转录完成后，取出少量产物作为下一步 PCR 反应的模板。RT–PCR 为分离特定的 cDNA 基因提供了一种通用、快速的实验手段。由于该方法可以省去 mRNA 的分离纯化，也是检测 mRNA 转录水平的简便方法。传统分离 cDNA 的方法是首先构建 cDNA 文库，然后通过核酸探针或抗体（对表达文库而言）进行杂交筛选，获得若干的阳性克隆，这些克隆中的 cDNA 序列有可能相同或部分重叠，对这些序列进行拼接可以获得全长的 cDNA 序列。相比之下，RT–PCR 的方法虽然可以直接从总 RNA 或 mRNA 得到特异性的 cDNA 片段，但由于多种因素的限制，得到的通常是全长 cDNA 的部分序列。要获得 5′ – 端与 3′ – 端完整的 cDNA,在 RT–PCR 之后往往还需要进行 cDNA 末端的扩增(Rapid Amplification of cDNA Ends,RACE)。依据扩增的末端不同,分别简称 5′ –RACE 与 3′ –RACE。5′ –RACE 与 3′ –RACE 仍然建立在 PCR 的基础之上,但不同的是由于需要扩增的序列末端未知,因而 PCR 的两个引物只有一个是特异性的而另一个不具备特异性。由于真核生物 mRNA 的 3′ – 端一般有多聚 A 尾巴,因此,3′ –RACE 首先以多聚 T 为逆转录引物合成 3′ – 端完整的 cDNA 第一条链,后面的 PCR 反应可以用多聚 T 作为一个引物,而另一个引物为序列特异性的。真核生物 mRNA 5′ – 端缺乏类似于多聚 A 的通用序列,因而在用基因特异性的引物合成好 5′ – 端完整的 cDNA 第一条链后,需要通过末端转移酶的作用,在 cDNA 第一条链的 5′ – 端加上多聚 C 的序列,这样在下面的 PCR 反应中,可以用多聚 G 作为非特异性引物与另一条基因内部的特异性引物一起,合成 5′ – 端的 cDNA 序列。

(2)实时定量 PCR。细胞内各种基因的表达水平会随着内部或外部因素的变化而改变,mRNA 水平的高低通常是这种变化最直接的体现。Northern 杂交可以直观地反映出细胞内不同 mRNA 的含量,但是操作复杂而且不能精确定量 mRNA 水平的微小变化。相比较而言,RT–PCR 可以迅速简便的检测出 mRNA 水平的变化而且灵敏度也比 Northern 杂交更高,但是 RT–PCR 本身由两个酶促反应组成,而且由于 PCR 本身的特点,极小的模板差异都会造成最终产物的极大差别,这些都会影响到实验结果的准确性,而定量 PCR 的方法则可以最大限度地避免上述问题。定量 PCR 包括竞争性定量 PCR(competitive quantitative PCR)和实时定量 PCR(realtime quantitative PCR)两种。

PCR 反应有着极高的灵敏性和特异性。它能在短时间内扩增出大量拷贝数的特异性 DNA,可满足常规的 DNA 测定和 DNA 重组等,被广泛应用在法医、医学、卫生检疫、环境监测等方面。采用 PCR 技术可以直接对土壤、废物和污水等环境标本中的生物进行检测,包括那些不能进行人工培养的微生物的检测。

可以说,PCR 的用途越来越广,综合起来,它主要应用在以下一个方面：①基因或基因片段的克隆和鉴定；②基因诊断；③亲子鉴定（paternity testing）；④随机突变和定点突变；⑤基因表达差异定量；⑥确定未知基因表达变化；⑦犯罪现场的法医鉴定；⑧古代 DNA 的分析；⑨循环测序（cycle sequencing）。上述各项应用的原理和具体步骤可以在许多 PCR 手册上查到。必须指出，由于 PCR 的高度敏感性，所以在进行相关的实验时，严防样品发生污染，此外，最好同时做阴性对照反应。

目前，应用 PCR 技术研究环境系统中的微生物主要集中在以下两个方面：检测体系中特定微生物和特定基因的存在；量化环境系统中微生物群体的各组成成员。

7.4.2　16S rDNA 序列及其同源性的分析

在环境科学研究工作中，在很多情况下，我们希望了解环境中存在的微生物，包括其种类、组成及在环境中的变化动态。而传统的以培养为基础的微生物分离鉴定技术，在这方面存在很大的局限，不仅工作量大，而且在环境中有许多微生物至今无法被培养出来。16S rRNA 基因技术的应用为我们带来新的研究技术和方法，目前主要有以下两个方面的工作：鉴定生物降解菌；研究某一特定环境中微生物的区系组成，进而了解其种群动态，研究微生物的多样性。

从环境样品中提取微生物总 DNA，经过 PCR 扩增 16S rRNA 基因后，对扩增产物进行变性梯度凝胶电泳（DGGE）或温度梯度凝胶电泳（TGGE）分析，将不同微生物的 16S rDNA 分离出来，经测序后就可以得知环境样品中微生物的分布和种类信息了。此方法最大的优点是可以不经过分离培养微生物，克服了培养技术的限制，从而能对环境样品进行客观的分析，得到在原始样品中存在的微生物不同种群的数量和种类分布信息，精确地揭示微生物种类和多样性信息。

7.4.3　生物芯片

生物芯片（biochip）是近年来在生命科学领域中迅速发展起来的一

项高新技术，它是通过微加工技术和微电子技术将生物探针分子（寡聚核苷酸、cDNA、基因组DNA、多肽、抗原、抗体等）固定在硅片、玻璃片、塑料片、凝胶、尼龙膜等固相介质表面，从而构建出一个微型生物化学分析系统。生物芯片可以对细胞、蛋白质、DNA以及其他生物组分进行准确、快速和大信息量的检测。

当待测分析样品中的生物分子与生物芯片的探针分子发生杂交或相互作用后，可以利用激光共聚焦显微扫描仪等对杂交信号进行高通量检测，因此生物芯片技术是将生命科学研究中多种研究手段结合起来，可以使检测分析过程连续化、集成化和微型化。

生物芯片技术可广泛应用于疾病诊断和治疗、基因组图谱、药物筛选、农作物选育、司法鉴定、食品卫生监督等多个领域。在环境检测领域，可以利用生物芯片技术快速检测微生物或有机化合物对环境、人体、动植物的污染和危害。

7.4.4 高通量测序技术

DNA序列中包含了大量的生物学信息，测定和了解这些序列信息，有助于我们对生物的深入分析和研究。高通量测序技术又称为下一代测序技术（next generation sequencing, NGS），是相对于传统的Sanger测序技术而言的。

2005年，*Nature*发表了Margulies等报道的一种快速简单的测序方法——高通量测序技术（high throughput sequencing），引起了学术界的轰动，该法与传统的Sanger测序方法相比，速度快100倍，效率大幅度提高，一次测序可以获得高达上百万的通量，单个碱基的测序成本也大幅度下降。

目前用于微生物群落多样性研究的高通量测序平台主要有来自罗氏公司的454法、Ilumina公司的Solexa法和ABI的SOLiD法，目前最为常用的测序平台是454法GS FLX Titanium sequencing Kit XL+，在微生物多样性分析中最具潜力的平台为Solexa法的MiSeq，而SOLiD法相较于前两种在群落结构方面的分析较少。上述技术也被称为第二代测序技术，除此之外，还有另外一种以单分子实时测序和纳米孔为标志的第三代测序技术也正在如火如荼地发展中。

高通量测序技术准确度高,对环境微生物群落的主要物种的识别真实、可靠,结合先进的生物信息学方法,可以获得某个环境样品中各种菌类组成信息,从而研究该区域微生物物种多样性;通过测序得到的微生物的群落结构、组成,再与微生物活性、营养元素的转化等理化性质结合一起分析,可以研究微生物的功能多样性。目前该技术已经被广泛应用于土壤、水体以及污染处理构筑物(活性污泥、生物膜、堆肥等)等环境中微生物多样性的分析。

7.5　微生物细胞工程技术

细胞工程是指在细胞水平上研究、开发、利用各类细胞的工程。它以细胞为基本单位,在离体条件下进行培养、繁殖或精细的人工操作,使细胞的某些生物学特性按人们的意愿发生改变,从而改良生物品种、创造新品种,或加速繁殖动植物个体或生产有用的生物制品。目前,细胞工程所涉及的主要技术和应用见图 7-1。

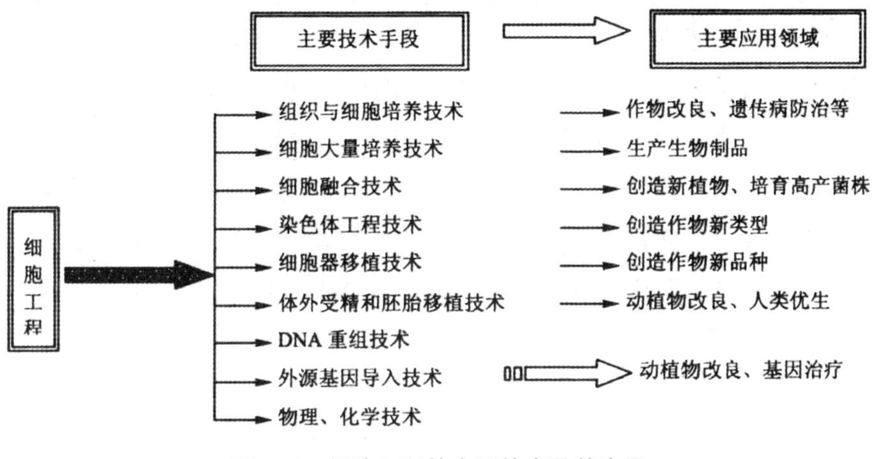

图 7-1　细胞工程的主要技术及其应用

细胞工程是以基础细胞融合技术为基础建立的,与基因工程相比,二者在带有遗传信息的物质的选择、驯化、鉴定等方面基本相同，但细胞工程所要求的技术条件、实验设备等均比基因工程要求低一些。

利用微生物细胞工程，结合基因工程及常规技术，我国培育出了一批高产、优质、抗病的农作物新品种；研制出了一批产量较高、杀虫谱较宽、持续期较长的二代微生物杀虫剂和新型农药制剂等。利用原生质体融合技术构建的多功能治理污染工程菌，能够跨越不同种属间的遗传障碍，杂种细胞内可以拥有两套，甚至两套以上亲株的遗传物质，基因重组随机。它与分子克隆基因工程相比，投资省，易操作，对亲本的遗传背景知识的要求不是很严格，能快速组建新菌株。

7.5.1　基本概念

微生物细胞工程即是应用微生物进行细胞水平的研究和生产，具体包括各种微生物细胞的培养、遗传性状的改造、微生物细胞的直接利用或获得细胞代谢产物等。微生物遗传性状的改变有多种方法，诱变育种是一种古老而有效的遗传学研究方法；基因工程是获得新的微生物品种或性状的重要手段；以微生物原生质融合技术为核心的微生物细胞工程也是获得新的微生物遗传性状的主要方法。

原生质体融合是进行细胞遗传重组的最简便方法，其技术操作与条件要求都比较简单，近年来应用很广，日益受到人们的重视。其基本过程是：经培养获得大量菌体细胞，用脱壁酶处理脱壁，制成原生质体。将两种不同菌株的原生质体混合在一起，使原生质体彼此接触、融合，使融合的原生质体在合适的培养基平板上再生出细胞壁，并生长繁殖，形成菌落，最后测定参与融合的性状重组或产量变化情况，以筛选出重组子（图7-2），通过原生质体融合改良微生物菌株的遗传性状是培育优质、抗逆性强的良种的一种行之有效的手段。

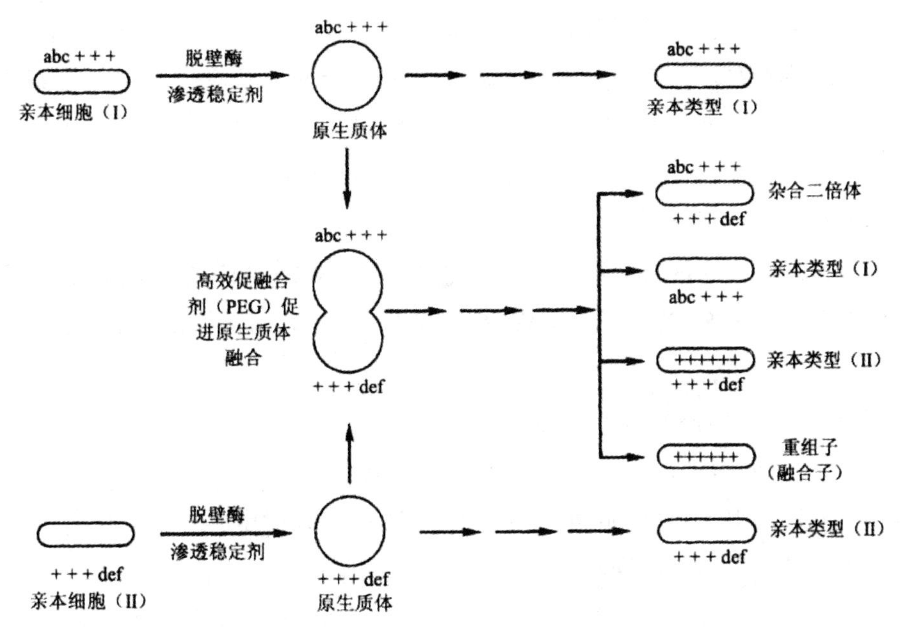

图7-2 微生物原生质体融合

7.5.2 细胞工程的应用

7.5.2.1 利用细胞融合技术构建环境工程菌

原生质体融合技术在食品工业、发酵工业、制药工业和农业等方面已取得了辉煌的成绩，为该技术引入治理污染方面奠定了良好的基础。运用原生质体融合技术已构建出了降解纤维素、芳烃化合物、石油烃类化合物等有机污染物的高效菌株。

（1）纤维素降解菌原生质体融合。

在生物降解反应中，微生物之间的共生或互生现象普遍存在，可能是由于微生物间相互提供了彼此生长或发生降解反应所需的某种生长因子。对于这种有共生或互生作用的细胞，通过原生质体融合技术，可以将多个细胞的优良性状集中到一个细胞内。

两株脱氢双香草醛（与纤维素相关的有机化合物，简称DDV）降解菌 *Fusobacterium varium* 和 *Entercoccus faecium*，当它们单独作用时，在8 d内可降解3% ~ 10%的DDV，混合培养时，降解率可达30%，说明存在有明显的互生作用。将两株菌进行原生质体融合，融合细胞（FET 菌株）的降解率最高可达 80%。利用 Southern 印迹杂交技术检验，发现融合细胞中带有双亲细胞的 DNA 序列。将融合细胞 FET 和具有纤维素分解能力的革兰氏阳性菌白色瘤胃球菌（*Ruminococcus albus*）进行融合，将纤维素分解基因引入到 FET 菌株中，获得一株革兰氏阳性重组子，它具有 *Ruminococcus albus* 亲株 45% 左右的 β– 葡萄糖苷酶和纤维二糖酶活性，同时还具有 87%FET 降解 DDV 酶的活性。利用基因探针技术证实它是一个完全的融合子。

（2）芳香族降解菌的构建。

Pseudomonaes alcaligenes CO 可以降解苯甲酸酯和 3– 氯苯甲酸酯，但不能利用甲苯。*Pseudomonas putida* R5–3 可以降解苯甲酸酯和甲苯，但不能利用 3– 氯苯甲酸酯。

上述两菌株均不能利用 1,4 二氯苯甲酸酯。通过细胞融合，得到的融合细胞可以同时降解上述 4 种化合物。这一结果说明原生质体融合可以集中双亲的优良性状，并可产生新的性能。

将乙二醇降解菌 *Pseudomonas mendocina* 3RE–15 和甲醇降解菌 *Bacillus lentus* 3RM–2 中的 DNA 转化至苯甲酸和苯的降解菌 *Acinetobacter calcoaceticus* T3 的原生质体中，获得的重组子 TEM–1 可同时降解苯甲酸、苯、甲醇和乙二醇，降解率分别为 100%、100%、84.2% 和 63.5%。此菌株用于化纤废水处理，对 COD 去除率可达 67%，高于三菌株混合培养时的降解能力。

7.5.2.2 利用固定化微生物处理污染物

固定化技术是从 20 世纪 60 年代开始迅速发展的一项新技术，它是采用化学或物理的手段将游离细胞或酶定位于限定的空间区域内，使其保持活性并可反复利用的一种技术。由于固定化技术细胞密度高，反应迅速，微生物流失少，产物分离容易，反应过程控制容易，在实际应用中成果显著，已被广泛用于发酵生产、化学分析和能源开发中。

利用固定化微生物处理处理工业废水有许多优点：可以大幅度提高微生物浓度；固定化颗粒比重大，固液分离迅速；微生物被高分子材料包埋，耐环境冲击；对有毒物质的承受能力和降解能力增强；可根据需要选择有效微生物；可降低二次污染等。固定化细胞技术作为一项高效低耗、运转管理容易、十分有前途的废水处理技术，已引起人们高度的重视。

固定化细胞的制备方式很多，大致可以分为吸附法、共价结合法、交联法和包埋法等四大类，其中包埋法是细胞固定化最常用的方法。目前，固定化微生物技术在废水处理中的应用效果还受到固定化方法和固定化载体的影响。要求固定化微生物的载体要具备对微生物无毒、抗微生物分解、机械程度高、传质性能好、价格便宜等条件，而当前常用的微生物载体如硅胶、活性炭、陶瓷等无机材料，以及有机合成高分子聚合物等材料均还存在不足之处，需要进一步开发新型、对微生物无毒并可以提高微生物活性的固定化载体。

参考文献

[1] 单爱琴,张传义 . 环境微生物学 [M]. 徐州：中国矿业大学出版社,2014.

[2] 邓功成,吴卫东 . 微生物与人类 [M]. 重庆：重庆大学出版社,2015.

[3] 段昌群 . 环境生物学 [M].2 版 . 北京：科学出版社,2020.

[4] 关统伟 . 微生物学 [M]. 北京：中国轻工业出版社,2018.

[5] 何培新 . 高级微生物学 [M]. 北京：中国轻工业出版社,2017.

[6] 霍乃蕊,余知和 . 微生物生物学 [M]. 北京：中国农业大学出版社,2018.

[7] 乐毅全,王士芬 . 环境微生物学 [M]. 北京：化学工业出版社,2019.

[8] 李大鹏 . 环境微生物学 [M]. 北京：中国石化出版社,2020.

[9] 李顺鹏 . 环境生物学 [M]. 北京：中国农业出版社,2002.

[10] 李永峰,李巧燕,王兵,等 . 环境生物技术典型厌氧环境微生物过程 [M]. 哈尔滨：哈尔滨工业大学出版社,2014.

[11] 林海 . 环境工程微生物学 [M].2 版 . 北京：冶金工业出版社,2014.

[12] 林海 . 微生物应用技术 [M]. 北京：冶金工业出版社,2011.

[13] 路福平,李玉 . 微生物学 [M]. 北京：中国轻工业出版社,2020.

[14] 路福平 . 微生物学 [M]. 北京：中国轻工业出版社,2005.

[15] 平文祥,周东坡 . 微生物与人类 [M]. 北京：中国科学技术出版社,2007.

[16] 石若夫 . 应用微生物技术 [M]. 北京：北京航空航天大学出版社，2020.

[17] 苏锡南 . 环境微生物学 [M]. 北京：中国环境科学出版社，2015.

[18] 孙勇民，张新红 . 微生物技术及应用 [M]. 武汉：华中科技大学出版社，2015.

[19] 王冬梅 . 微生物与人类 [M]. 武汉：湖北教育出版社，2001.

[20] 王国惠 . 环境工程微生物学 [M]. 北京：科学出版社，2020.

[21] 王家玲 . 环境微生物学 [M].2 版 . 北京：高等教育出版社，2004.

[22] 王伟东，洪坚平 . 微生物学 [M]. 北京：中国农业大学出版社，2015.

[23] 王有志 . 环境微生物技术 [M]. 广州：华南理工大学出版社，2008.

[24] 和文祥，洪坚平 . 环境微生物学 [M]. 北京：中国农业大学出版社，2007.

[25] 徐威 . 环境微生物学 [M]. 北京：中国建材工业出版社，2017.

[26] 张晶，孙红岩，张传利 . 微生物学 [M]. 成都：电子科技大学出版社，2019.

[27] 张小凡 . 环境微生物学 [M]. 上海：上海交通大学出版社，2013.

[28] 赵景联 . 环境生物化学 [M]. 北京：机械工业出版社，2020.

[29] 郑平 . 环境微生物学 [M]. 杭州：浙江大学出版社，2012.

[30] 郑毅，武占省，李艳宾 . 农业微生物及技术应用 [M]. 长春：吉林大学出版社，2016.

[31] 周凤霞 . 环境微生物 [M]. 北京：化学工业出版社，2020.

[32] 曹雨 . 现代分子生物学技术在环境微生物领域的应用 [J]. 建筑与预算，2020（1）：54-57.

[33] 陈洵，周世奇，陈涛，等 . 功能基因组学与代谢工程：微生物菌种改进与生物过程优化 [J]. 化工学报，2006，57（8）：1792-1801.

[34] 仇申珅，丁娟娟，曲淑玲，等 . 发酵工艺初步优化提高酿酒酵母工程菌株环磷酸腺苷产量 [J]. 食品与发酵工业，2018，44（5）：104-108+114.

[35] 高乐．分子生物学方法在环境微生物生态学中的应用研究进展 [J]. 化工设计通讯，2020，46（12）：85–86.

[36] 高明昌，孙绍芳，邱琪，等．酵母菌在废水除磷中的机理与应用研究进展 [J]. 中国给水排水，2021，37（10）：41–48.

[37] 顾军，刘作易，张春秀，等．蛋白质芯片在微生物学领域的应用进展 [J]. 微生物学杂志，2006，26（6）：64–68.

[38] 郭照宙，许灵敏，宋建楼，等．产朊假丝酵母功能的探究及应用 [J]. 饲料博览，2016（3）：33–35+39.

[39] 李凤，刘世贵．分子生物学技术在环境微生物研究中的应用 [J]. 世界科技研究与发展，2003，25（4）：88–92.

[40] 李婧羿．不同灌溉和施肥条件下土壤氨挥发特性研究 [J]. 山西水利，2011，27（10）：31–32.

[41] 刘欣．毛豆腐发酵过程中植物化学成分和免疫活性的变化 [D]. 哈尔滨：东北农业大学，2017.

[42] 王莽原，宋雷，霍强，等．蛋白质组学临床转化研究主要进展及在心脏研究领域应用的挑战和展望 [J]. 中国循环杂志，2021，36（4）：412–416.

[43] 郑卉，李良智，葛志强，等．代谢物组学及其在微生物研究中的应用 [J]. 中国生物工程杂志，2005，25（5）：6–9.